ジュニア空想科学読本㉘

柳田理科雄・著
きっか・絵

角川つばさ文庫

ワイワイ語り合おう！

筆者が初めて書いた『空想科学読本』の前書きは、こんな文章で始まっている。

怪獣は10万度や100万度の炎を吐く。
正義のヒーローは一瞬にして巨大化し、翼もないのにホイホイ空を飛ぶ。
巨大なロボットに人間が乗り込んで、敵ロボットと格闘する。

あなたもどこかで、見たり聞いたりした覚えがあるだろう。これらは、特撮番組やアニメではおなじみの設定である。

書いたのは30年近く前で、当時の筆者は「実際に見た人はいないのに、誰もが知っている現象」というのを面白がっていた。これには時代背景もあって、筆者が子どもの頃には、人気テレビ番組は視聴率が30％を超えることも珍しくなかった。『ウルトラマン』の最高視聴率は42・8％！　子どもたちは誰もが同じ番組を見て、次の日に学校で語り合って楽しんでいたのだ。最初の『空想科学読本』を書くとき、筆者は「それを本でもやりたい」と思った。

その気持ちはいまも同じで、『ジュニア空想科学読本』でも、大ヒットしたマンガやアニメやゲームをたくさん取り上げている。人気作品には、多くの人の心に残る現象やエピソードがたくさん含まれていると思うからだ。この第28巻でいえば、『スイカゲーム』の面白さのポイント、『ゴジラ－1・0』で描かれた怪獣の脅威と、怖さと面白さ、『デキる猫は今日も憂鬱』から浮かび上がるネコの体の魅力……などなど。きっとたくさんの人にお楽しみいただけると思います。

その一方で、本書では「知る人ぞ知る作品」も積極的に扱っている。たとえば、『SAND LAND』や『自動販売機に生まれ変わった俺は迷宮を彷徨う』や『人造人間100』など。好きな人は大好きだけど、誰もが知っているわけではない作品だが、どれもたいへん面白い！

正直なところ「よく知らないマンガやアニメのエピソードで科学を語られても、読者は困るかなあ」と、迷った面もある。しかし振り返ってみると、これまでの『ジュニ空』でも、「自分が子どもの頃にヒットしたが、いまの読者は知らないかも」という作品を何度も取り上げている。それに対して、読者からは「知らない作品だったので、ネットで調べました」「実際にマンガを読んでみたら、とても面白かった」「『ジュニ空』で取り上げられていた作品に後で出会うと、これだったのか！と嬉しくなる」といった声をたくさんいただいた。『ジュニ空』の読者は、知らない作品でも積極的に味わうという、前向きな姿勢を持っているのだ。

この経験から「知る人ぞ知る作品」も読者の心に届くと信じて、真正面から取り上げることにした次第である。筆者とワイワイ語り合う気持ちでお楽しみいただければ幸いです。

ジュニア空想科学読本㉘
目次

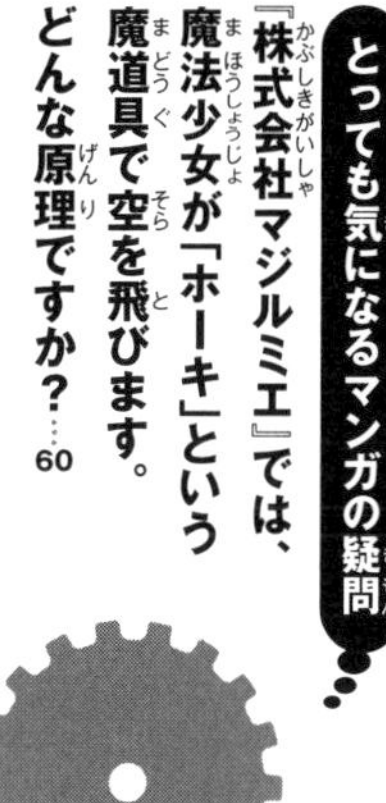

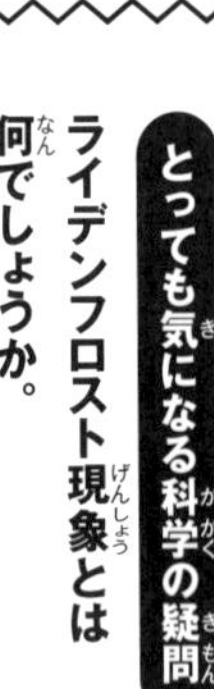

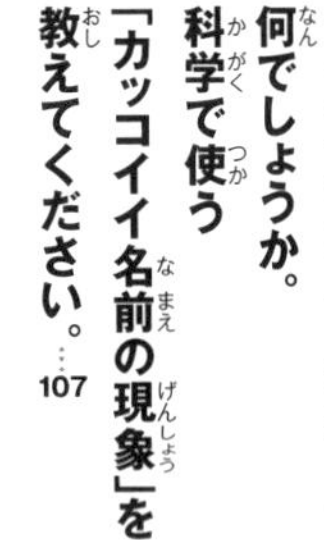

とっても気になるゲームの疑問

『スイカゲーム』にハマっています。あのゲームは、なぜあんなに面白いの!?

ワタクシは、世のなかの話題や流行にメチャクチャ疎いです。友人たちには「よくぞそこまで、世間の動きを知らずに生きていられるな」とホメられます。え？　ホメられてない？

先日も、オンラインイベント「『ジュニ空』ひみつ会議」で、参加者の一人が「私のまわりでは『スイカゲーム』が流行ってます」と言ったとき、筆者は「善良な市民がスイカを食べる競争が流行中!?　恐るべきことだ」とビビったら、ぜんぜん違いました。流行っていたのは、透明な箱のなかにフルーツを落としていく……というシンプルなゲーム。もともとは中国で作られ、日本でも2021年の暮れに配信開始されて、23年の秋に爆発的なブームになったらしい。

筆者もやってみたところ、おお、オモシロイではないですか。さまざまな大きさのフルーツが落ちてきて、箱からあふれたらゲームオーバー。

ただし「①プレイヤーはフルーツを落とす場所を選べる、②同じ種類のフルーツ2個が触れ合うと、別のフルーツ1個に変わる」という魅惑のルールがある。ぼんやりしていると、フルーツはたちまち箱からあふれるが、落とす場所を工夫すれば、どんどん得点が増やせる。

そして何よりもこれは、理系ゴコロもそそられる、なかなか深いゲームなのである。

◆どんなフルーツが出てくるか？

『スイカゲーム』に登場するフルーツは、小さいほうから、サクランボ、イチゴ、ブドウ、デコポン、カキ、リンゴ、ナシ、モモ、パイナップル、メロン、スイカの11種類。同じものが触れ合うと、一回り大きなフルーツに変わる。サクランボ2個⇩イチゴ1個、イチゴ2個⇩ブドウ1房、ブドウ2房⇩デコポン1個……と成長していき、最終的にはスイカを目指すのだ。

こういう現象を目にすると、筆者はつい「生物の分類」が気になってしまう。生物は「界」「門」「綱」「目」「科」「種」という段階で分類され、たとえば人間は、動物界脊索動物門哺乳綱霊長目ヒト科ヒトだ。これにしたがって、前掲のフルーツ11種を、変化する順番に並べ、「科」

だけを示すと、こうなる。

サクランボ(バラ科)⇩イチゴ(バラ科)⇩ブドウ(ブドウ科)⇩デコポン(ミカン科)⇩カキ(カキノキ科)⇩リンゴ(バラ科)⇩ナシ(バラ科)⇩モモ(バラ科)⇩パイナップル(パイナップル科)⇩メロン(ウリ科)⇩スイカ(ウリ科)となる。サクランボがイチゴに変わるのは、もちろん科学的には考えづらいけど、「科」という枠でいえば「バラ科↓バラ科」で、比較的近い関係ではないですかー、などと喜んでしまうのだ。

なお、このなかでは、パイナップルだけがとっても仲間外れの植物。興味のある人は、前述の「ヒト」みたいに分類を調べてみてください。バラ科やウリ科とはぜんぜん違うんだよー。

こんなふうに生物学で考えるのも楽しいのだが、このゲームは違う視点で見ても面白い。それは物理と数学の観点だ。

◆えっ、「質量保存の法則」が成立している!?

前述のように『スイカゲーム』では、同じフルーツ2個が接触すると、少し大きな別のフルーツ1個に変化する。このとき「質量保存の法則」が成り立つなら、変化したフルーツの重さは、前段階のフルーツの2倍になっているはずだ。

と書くと「ゲームなんだから、そのへんはテキトーなのでは!?」と思うかもしれない。実は、筆者もそう思っていた。ところが、サクランボの重さを調べてみると、1個あたり5〜10g。平均を取って7・5gとすると、2個で15gだ。そして、たまたま筆者の自宅にあったイチゴを量ってみると、1個平均15g。なんと、ピッタリ一致するではないですか。

そこで次のブドウを考えてみると、ゲームの絵ではかなり小さな房に見える。小ぶりなデラウエア種の重さは、1粒1gほどらしい。それが30粒なら、おお、イチゴ2個分の30gになる。問題は次のデコポンで、ブドウ2房分なら60gだが、現実のデコポン1個は180〜350gあるという。う〜ん、小ぶりのミカンだったら、60gもあり得るのに、なんでここをデコポンにしたかなあ。残念だが、ここは目をつぶってください。でも、その後は……。

カキ120g：カキの平均値は170gほどだが、禅寺丸柿という由緒正しい品種は、1個あたり100〜130g。120gは平均的な重さといえる。

リンゴ240g：リンゴ1個は200〜300gだから、240gはまったく不思議ではない。

ナシ480g：多くのナシは350gくらいが平均値。しかし「新高」や「あきづき」という品種は500gほどもあるので、それらと比べると軽いくらいだ。

モモ960g：ここはちょっと悩ましい。一般的なモモは200〜300gと、ただでさえナ

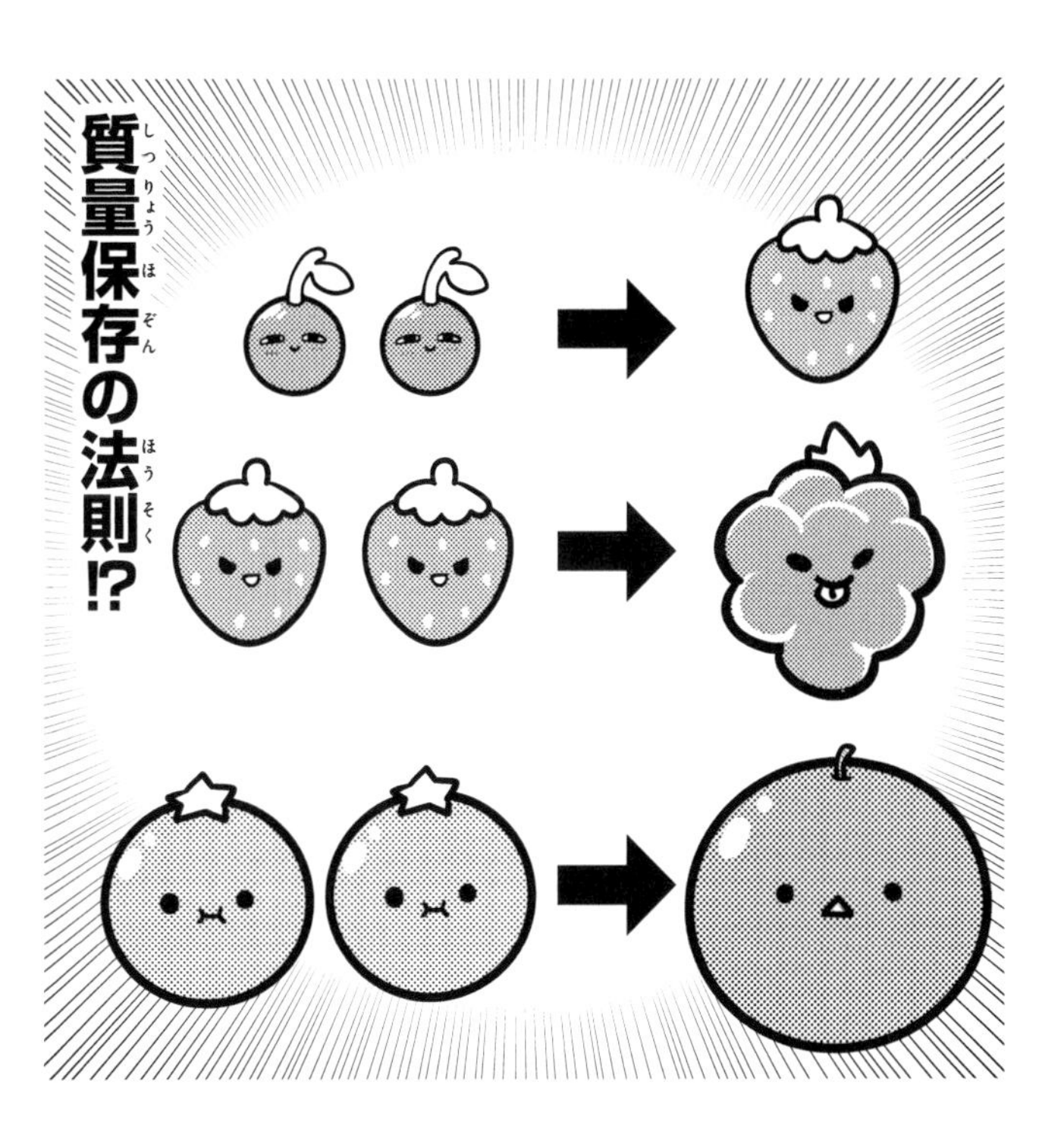

シより軽い。西王母という品種は600gにもなるが、960gはそれよりだいぶ重い……。

パイナップル1920g：パイナップルは1個1～2kgだから、おお、ギリギリあり得る！

メロン3840g：メロンは1～1・5kgくらいだが、動画投稿サイトで、北海道の寺坂農園が4kgのメロンを収穫&測定する映像を発見した。すると、これもなんとかセーフの重さ！

スイカ7680g：スイカは5～10kgもあるから、7・7kgは平均値とさえいえる！

というわけで、ちょっと強引だったけど、なんだか質量保存の法則はだいたい成立しちゃっているのである。そして、さらに興味深いのが数学的な問題だ。

◆『スイカゲーム』の本質とは⁉

このゲームは「小さなサクランボを巨大なスイカに変化させていく」のが主眼である。箱の上に登場するフルーツはサクランボに限らないけど、話をシンプルにするために、ここでは「すべてがサクランボから始まる」という場合で考えよう。そのとき、スイカ1個を誕生させるためには、サクランボは何個必要なのだろうか？

ゴールのスイカから、さかのぼってみよう。1個のフルーツが生まれるには、同じ種類のフルーツが2個必要だ。すると、スイカ1個⇩メロン2個⇩パイナップル4個⇩モモ8個⇩ナシ16個⇩リンゴ32個⇩カキ64個⇩デコポン128個⇩ブドウ256房⇩イチゴ512個⇩サクランボ1024個。ざっくりいえば、スイカ1個を作るために、サクランボ1千個が必要なのだ。

そして、これは「体積」においても同じである。スイカの直径がサクランボの直径の10倍なら(実際そのくらいのサイズ感だ)、球形の物体の体積は「直径×直径×直径」に比例するから、スイカの体積はサクランボの千倍。フルーツの個数としても、体積としても「スイカ1個＝サクランボ千個」なのである。

ところが『スイカゲーム』は、平面という「二次元の世界」で進行する。そのため、箱のなかのスペースがどれほど埋まるかは「面積」で決まる。実はここに『スイカゲーム』の本質がある！

面積は「直径×直径」に比例するから、スイカの面積はサクランボの１００倍でしかない。箱のなかでスイカが占めるスペースも、サクランボの１００倍だ。

前述のとおり、実際には1個のスイカができるのに千個(正確には１０２４個)のサクランボが必要だ。もし、それだけのサクランボが落ちてきて接触しても、他のフルーツに変化しなかったら、当然サクランボ千個分の面積を占めることになる。とても箱には入りきらず、ただちにゲームオーバーとなるだろう。

だが実際には、面積１００倍のスイカになるため、箱からあふれることはない。つまり「面積と体積の違い」があるからこそ、このゲームは成立しているのだ。これは、途中段階の他のフルーツでも同じで、大きいものに変化すればするほど、箱のなかで占める面積は狭くなり、それだけスペースが空くのである。めちゃくちゃ面白くないですか、これ!?

まあ、これがわかったからといってゲームがうまくなるわけではない。でも、そこに気づいてこのゲームを考えた人はアタマがいいなあ、としみじみ思う。

とっても気になる特撮の疑問

『ゴジラ−1.0』では、ゴジラの熱線で国会議事堂が爆発、キノコ雲が立ち昇りました。いったいどんな威力!?

2023年の秋に公開された『ゴジラ−1・0』は、すごい映画である。数あるゴジラ映画のなかでも突出して面白いのはもちろん、間違いなく世界の映画史に刻まれる傑作だ。

戦争に負け、何もかも失った日本に、ゴジラが現れる！　その身長は50・1m、体重は2万t。巨体で暴れ、熱線を吐いて、復興しかけていた東京を壊滅させる。多くの命が奪われ、希望や夢が失われてしまう。

敗戦国の日本は、武装を解除しているし、自衛隊もまだ作られていない。日本を統治するアメリカも、国際的な状況を考えて、軍隊の出動を控えている。ゴジラに対抗する手段がまったくないのだ。でも絶対に倒さなければならない。さあ、どうする!?

劇中のゴジラは、本当に怖い。こんなに恐ろしいゴジラは、シリーズ70年の歴史のなかでも初めてだ。また、戦争がもたらした苦しみ、悲しみが綿々と綴られ、明確に「反戦」のメッセージが伝わってくる。その一方で、命をかけてゴジラと戦う人々の姿には、どうしても胸が熱くなり、ワクワクする。映画『ゴジラ－1.0』には、さまざまな要素が詰め込まれており、それらが密接に結びついて、観る者の心にどんどん迫ってくる。

そして、この映画を魅力的にしている要素の一つに「科学」がある。これは、科学の可能性を高らかに謳った作品でもあるのだ。筆者としてはメチャクチャ嬉しい。

本稿では、そんな『ゴジラ－1.0』について、ぜひとも熱い考察を行ってみたい。

◆それは深海からやってきた!

この物語において、ゴジラは「深海に棲む生物」として描かれている。初めて出現するのは、太平洋戦争末期の大戸島(架空の島)。主人公の敷島が、多くの深海魚が口から「うきぶくろ」を出して海面に浮いているのに気づいたその晩、島に上陸して、日本軍に襲いかかった。

この「深海魚が浮かび上がる」現象は、ゴジラ出現の予兆で、その後も何度も繰り返される。

ヒジョ〜に不気味でオソロシイ。しかも後半へと進むにつれて、浮かぶ深海魚の数が増えていき、ますますオソロシイ。

深海とは「水深２００ｍ以深」の海を指す。水圧は海面が１気圧で、10ｍ潜るごとに１気圧ずつ高くなるから、水深２００ｍで21気圧。当然、そこに棲む魚のうきぶくろ内の空気も21気圧になっている。それが、ゴジラ出現の影響で海面に押し上げられると、うきぶくろの空気の体積は21倍に膨張してしまう。こうして、うきぶくろが口から飛び出すことになる。

この現象だけでもコワイが、大戸島に現れたゴジラは体高15ｍほどだった。それが50ｍもの大きさに巨大化する事件が、戦争終結の翌年に起こる。いや、人間が起こしてしまう。アメリカが１９４６年にビキニ環礁で行った「クロスロード作戦」のベーカー実験＝原爆の水中爆発だ。実際に行われたこの実験は、水深27ｍで、ＴＮＴ爆薬２万ｔに相当する大爆発を起こした。海上には２００万ｔもの海水が噴き上がり、上空には巨大なキノコ雲が立ち昇った。

その実験海域に、ゴジラがいたのである。山崎貴監督が書かれた『小説版 ゴジラ－１・０』には、実験によって、ゴジラの体が「原子爆弾の激しい熱と放射能で焼き尽くされていた。皮膚が沸騰しめくれ上がり、肉は焦げ、眼球が真っ白に濁り…」とある。モーレツに激しい影響を受けたのだ。だが、ゴジラは優れた再生能力を持つ生物で、この苦境を乗り切った。それでも「体表の奥深くまで紛れ込んだ放射性物質は表皮の細胞にエラーに次ぐエラーを起こし、その見た目はゴツゴツとした岩のような様相に様変わりしていった。急激に成長していった背びれは雪の結晶のようにあらゆる方向に枝を伸ばしていった。それは層をなし、まるで何十年も海底で生き続けてきた牡蠣殻の様な姿に変わった」。こうして、大怪獣ゴジラが誕生したのである。

◆どれほどオソロシイ怪獣か？

やがて、ゴジラは東京に上陸する。銀座の街を、ズシン、ズシンと地響きを立てて歩く。その「ズシン」の後に、「ガラガラ」というコンクリートやアスファルトが砕ける音が続くのが、恐ろしいほどリアルだ。

また、山崎貴監督によれば、ゴジラの咆哮は、ある野球場を借りて大音響で声を流し、それを録音したものを使っているという。「廃墟と化した東京に響き渡る咆哮」という感じを出すための傑出した工夫だが、そういった音の効果も、今回のゴジラの怖さを際立たせている。

こんなゴジラの脅威は、どれほどだろうか？　走って逃げる人たちが追いつかれていたから、ゴジラの歩く速度は時速40㎞以上だろう。身長50m・体重2万tでこの速度はコワイ。歩くたびに体の重心が1mほど上下するとしたら、そのエネルギーだけで2億J。これに、前進しながら地面を踏みつけるエネルギーが加わると、おそらく5億J近くになる。これは爆薬120kg分であり、標準的なダイナマイトには200gの爆薬が含まれるから、1歩ごとにダイナマイト600本が爆発するのと同じ。コンクリート1500tが破壊される。

さらに、ゴジラには「熱線」という武器がある。その巨体で銀座を蹂躙していたとき、国会議事堂を背に戦車隊が集結して、ゴジラを砲撃してきた。すると、ゴジラの背びれが尻尾の先から順番にゴン、ゴン、ゴンと隆起して、青く光り始める。背びれすべてが青白く輝いたとき、口からすさまじい熱線が放たれた！　戦車隊と国会議事堂に命中するや、巨大な火球が発生し、大爆発！　なんとキノコ雲が立ち昇った。

ここ、映画でもド迫力のシーンだったが、小説版には驚くべき描写がある。それは「ゴジラの熱線のそのあまりの高温は、国会議事堂周辺のすべての物体を瞬時に蒸発させ、液体のプロセスを飛び越して、気体に変えた」というもの。

固体⇩液体⇩気体、という「状態変化」のうち、液体になる(＝溶ける)という過程をすっ飛ばし、いきなり気体になった(＝蒸発した)というのだ！　鉄が蒸発する温度は2862℃、ガラスが3千～4千℃だから、少なくとも国会議事堂周辺はそれ以上の高熱に包まれたのだろう。熱線によって生じた火球の温度は、当然もっと高い。キノコ雲が生じていたところから、おそらく広島に

落とされた原子爆弾と同じ200万℃に達したのではないだろうか。
映画では、主人公の敷島がいた銀座に、黒い雨が降り始めた。キノコ雲は、瞬間的に莫大な熱が発生したときに立ち昇る。激しい上昇気流が上空で冷やされ、上昇する力を失って、キノコの傘のように横に広がるものだが、舞い上がった大量の粉塵を含むため、キノコ雲からはやがて黒い雨が降る。広島でも、長崎でも、黒い雨が降った。
この熱線大爆発は、東京にど

れほどの被害をもたらしたのだろうか。映画の描写でも、街ははるか遠くまで瓦礫と化していたが、小説版に具体的な数値が書かれている。それによると、「その爆発プロセスが起こした爆風は、周辺の建造物を、紙細工のように破壊しながら、半径六キロの範囲すべてを粉砕し尽くした」。

なんと半径6㎞！　国会議事堂を中心に半径6㎞の円を描いてみると、敷島がいた銀座が含まれるのはもちろん、東は江東区、西は新宿、渋谷、北は田端、南は品川に達する。つまり、山手線内のほぼ全域が粉砕され尽くしたわけである。東京はもうメチャクチャです。

これ、広島に落とされた原爆と比べると、その威力が際立つ。広島の原爆は、産業奨励館（現在の原爆ドーム）の南東160m、高度600mで炸裂し、半径2㎞内を破壊した。このたびゴジラが熱線で破壊した半径はその3倍だが、爆風の破壊エネルギーは「半径×半径×半径」に比例する。すなわち、3×3×3＝27倍の破壊力！　国会議事堂に広島の原爆27個が降ってきたようなものであり、あんまり怖くて筆者はもう腰が抜けました……。

◆「海神作戦」を科学的に考える

これほどまでに恐ろしいゴジラを倒さなければならない。しかし、前述のように対抗する軍事的手段はない。筆者には、どうしたらいいのか全然わかりません！

などと泣きごとを言っている場合ではなく、民間の知恵と勇気を結集して実行されたのが「海神作戦」であった。この作戦のスバラシイところは、先に述べた「ゴジラは深海に生息していた生物」というのを逆手に取った、きわめて科学的な手段であることだ。

ここから先は、かなりネタバレになってしまうので、映画をこれから観ようと思っている人はご注意ください。元海軍技術士官の野田健治が考案したこの作戦は、ゴジラを相模湾の深海１５００ｍに沈め、その水圧でツブしてしまおうというものだった。深海１５００ｍにかかる水圧は、海面上の１５１倍も大きいから、これは期待できそうだ。

だが、ゴジラはもともと深海にいた生物だ。劇中でも「あいつは海から来たんだ。深海の圧力なんか平気の平左だろ」と指摘する人がいた。実際、たとえば深海２～３千ｍまで潜るマッコウクジラのような生物もいる。なぜゴジラを水圧で殺すことができるのか？

ここでポイントになるのは、「深海に至る時間」だ。マッコウクジラの場合、頭を下にして沈下していき、１千ｍ潜るのに10分かかるという。時間をかけて移動すれば、深海の環境に適応できる生物がいる、ということだ。

それに対して野田の考えは、ゴジラを一気に海底に沈めようというもので、「計算によると、約25秒後に１㎡あたり１５００ｔの負荷がかかります。普段、深海で生存できる生物も、これほどの急激な圧力変化に耐えられません」と説明していた。海面上にいるゴジラの肺には1気圧の空気が入っているはずだが、それが深海１５００ｍまで沈められると、１５１気圧の水圧でまわりから押される。肺のなかの空気との差は１５０気圧で、これが映画で言っていた「１㎡あたり１５００ｔ」の圧力だ。肋骨が耐えられなければボキッと折れて、肺がツブレてしまうだろう。

　ではどうやって、ゴジラを一気に沈めるか？　野田が考えたのは「フロンガスの泡でゴジラを包み込むと、ゴジラは周囲の水との接触を断たれ、あっという間に沈下する」という作戦だった。これは、科学的にまことに興味深い作戦だ！　浮力とは「まわりの液体の密度×水に潜った体積」であり、体の周囲の海水に泡が含まれていると、その分だけ密度が小さくなる。それだけ浮力が小さくなるわけで、自分の体重を支えられずに、沈んでいくことになる。

　映画を観た後、筆者も実験してみた。コップに水を入れ、スーパーボールを浮かべてストローで下から空気を吹き込んで、ブクブクと泡を作ると、確かにボールがスーッと沈む感じがある。この現象をわかりやすく伝えてくれるのが、名古屋市科学館の「ぶくぶくタンク」という実験装置だ。円筒形の容れ物に水が張ってあり、ボールが水面ギリギリのところに浮いている。来場者がポンプを押して空気を溜め、スイッチを押すと、シュワーッと泡が出る。そのなかをボールがスーッと沈んでいく。ゴジラを沈める作戦は、科学的にも充分に説得力があるわけだ。

この作戦がどうなるか、その後どんな展開になるか……まで書いてしまうと、さすがに全部ネタバレになってしまうので、以降はぜひとも映画でご確認ください。

いずれにしても、敗戦で何もかも失った人々がそんなゴジラに立ち向かうとき、選んだ手段が「科学」だったというのは、本当にスバラシイことだ。軍事力がなければ、科学で対抗しよう。『ゴジラ－1・0』の、心に突き刺さるメッセージである。

そして、もう一つ。東京を一撃で壊滅できるほどの力をゴジラに与えてしまったのは、他ならぬ人間の核実験なのだ。映画では、熱線を吐いた後のゴジラの顔や首は、まるで火傷をしたかのようにチリチリと赤く燃えていた。小説版では「その体はいたるところが赤く燃えるようにただれていた」とある。

つまり、熱線はゴジラにとって最大の武器だが、それを発射すると、ゴジラ自身も大きなダメージを負ってしまうのだ。原爆実験で怪獣にさせられたうえに、熱線を吐くたびに苦しまなければならないゴジラは、人間に大きな危害を加える加害者であると同時に、気の毒な被害者でもある。

そういったこともしみじみと感じさせられる映画が『ゴジラ－1・0』だ。日本はもちろん、全世界の人に観てほしいと心から願う。

とっても気になるマンガとアニメの疑問

『ゾン１００』では、ある日突然、街がゾンビだらけに！ どんなスピードで増殖したの？

『ゾン１００』の正式タイトルは『ゾンビになるまでにしたい１００のこと』。この作品には、心からビックリした。もう、目からウロコが落ちたという感じ！

もともと明るい性格の天道輝(以下アキラと表記)が就職した会社は、とんでもなくブラックだった。出社初日から徹夜！ そのまま会社に泊まり込んで仕事をして、家に帰れたのは4日後！ お金の支払われない「サービス残業」は、月２００時間超えが当たり前！ 上司は気分屋で「んなことも自分で判断できねーのかよ！」と言ったり、「何自分で決めてんだよ！」と言ったり。そんな職場で働き続けて3年、アキラはすっかり生気をなくしていた。

ある朝、アパートの管理人さんを訪ねると、なんとゾンビに食われている真っ最中！　あわてて逃げると、アパートじゅうがゾンビだらけ！　屋上まで逃げ、そこから街がムチャクチャになっているのを見て、ふと気づく。

「これってもう……」「今日から会社に行かなくていいんじゃね？」「やった――！」。

アキラは喜んで、ノートに「ゾンビになるまでにしたい１００のこと」を書く。そして、ゾンビから逃げながら楽しく過ごしているうちに、それらが面白いように実現していく。「大型バイクを乗り回す」という希望は、ゾンビだらけの街に放置されていたバイクを手に入れて実現したし、「ＣＡさんとのコンパ」は、ゾンビを避けてデパ地下に隠れていた女性たちとパーティをしていたら、彼女たちの職業はＣＡだった！で実現した。そう、ゾンビがいるからこそ、アキラの希望が次々にかなっていくのだ。なんとオドロキに満ちたゾンビ作品でしょーか。

この『ゾン１００』は、マンガもアニメもとても質が高い。アニメに至っては、クオリティーを重視するあまり、第1シーズン全12話の予定が、制作が間に合わなくなり、第9話で中断。残り3話は、２０２３年のクリスマスに連続放送される……という特異な事態になった。それでもファンからは歓迎の声が相次ぎ、『ゾン１００』の愛されっぷりを知らしめた。スバラシイ！

本稿では『ゾン１００』における「ゾンビ増殖の実態」について考えてみよう。

◆「ゾンビ化」の感染経路は？

ゾンビに噛まれるとゾンビになる。それまでの人格も記憶も失って、無差別に人間を襲うだけの存在になってしまう。考えただけでもオソロシイことである。

だが、アキラはそれほどゾンビを恐れていないように見える。ゾンビ発生の翌日、起きてベランダに出ると、通りには数えきれないほどのゾンビがいたが、アキラは「うおお——!! なんて朝日が！ 世界が眩しいんだ————!!」と晴れやかに喜んで、元気に「おはようございま————す!!」と挨拶する。彼にとっては、ゾンビの群れのなかで暮らすのは、ブラック企業で働くよりも、ずっとずっと幸せなのだ。

もちろん、自分がゾンビになってしまっては、「したい100のこと」もできなくなる。にもかかわらず、アキラはゾンビの群れをかいくぐってコンビニに行くし、ゾンビにタックルもしていた。それらの行為によって、ゾンビ化するおそれはないのだろうか？

仲間になったシズカの分析によれば、ゾンビ化＝ウイルス感染だという。ウイルスの感染経路には、5㎛（0・005㎜）以下の粒子が10mを超えて漂う「空気感染」、5㎛以上の粒子が1mほど飛ぶ「飛沫感染」、皮膚に触れることによる「接触感染」、噛まれたり刺されたりすることによる「経皮感染」などがある（分類は諸説あり）。

もしゾンビウイルスが空気感染や飛沫感染するなら、近づくだけでアブナイ！　接触感染するなら、タックルするなど超キケン！　アキラが無事ということは、このゾンビウイルスは経皮感染するのだろう。つまり、噛まれなければ大丈夫ということだ。

◆アキラに残された時間

とはいえ、ゾンビに噛まれた人はゾンビになり、その新たなゾンビも人を噛む。それを繰り返して爆発的に増えていくのが、ゾンビ現象のいちばんコワイところなのだ。

1体のゾンビが人間を噛むと、ゾンビは2体になる。2体が1人ずつを噛むと4体になる。4体が1人ずつを噛んで8体に。こうして、16体、32体、64体、128体、256体……と倍々ゲームで増えていく。

仮に「10分に1人」というペースで噛んでいったとすると、100分で1024人になる。200分後には、1024×1024＝104万8576人と大都市の人口なみになる。270分後に1億3400万体で日本の人口（1億2600万人）を超え、300分後に10億7千万、310分後に21億5千万、320分後に42億9千万、330分後に85億9千万と世界人口（80億人）を突破……というオソロシイことに！

もちろんこれは、数学的に単純化した話。大都市の中心部などでない限り、10分に１人のペースで広まることはないだろう。前述のとおり、ゾンビ化は「経皮感染」によって進む。また、彼らは知能を失ってしまうせいか、自転車や車、電車、飛行機などには乗らないようだ。したがって感染は、ゾンビの歩行速度でしか広まらない、ということだ。

その場合、拡大ペースはどれほどだろうか？ ゾンビたちはヨロヨロしているので、普通の人間（時速４km）よりやや遅い時速３kmで歩く、と仮定しよう。すると感染地域の半径は、１時間で３km、２時間で６km、３時間で９km……とじわじわ広がり、１日＝24時間後にはゾンビ化が72km先まで進むことになる。起点が東京・神田神保町の空想科学研究所だったら、北は栃木県南部、南は千葉県の南房総、西は奥多摩、東は千葉県の九十九里浜くらいまでだ。２日＝48時間後には、１４４km先の那須塩原、松本、静岡などが、ゾンビの勢力圏に落ちてしまう。

このペースで感染拡大が進み続けた場合、北でいえば、仙台のゾンビ化は５日目、盛岡は６日目、青森８日目、札幌13日目、そして最北端の稚内までゾンビ化してしまうのは16日目だ。西に向かえば、名古屋のゾンビ化は４日目、大阪は６日目、広島10日目、博多13日目、鹿児島15日目。それまでには、３つの連絡橋を通じて四国もゾンビ化するだろう。つまり、橋やトンネルでつながっている限り、わが国の主要四島は16日ですっかりゾンビ化してしまう！ もちろん実際には、

『ポツンと一軒家』みたいに、深い森のなかや険しい山の上に住んでいる人たちもいるから、総ゾンビ化までの時間はもっとかかると思われるが……。

アキラは「したい100のこと」のなかに「日本一周」も記しており、お父さんの痔の手術をしてくれる医者を探すためにも、これも実現することになる。だが、間に合うのか!? 着々と進むゾンビ化と、アキラの希望の実現がせめぎ合う『ゾン100』から目が離せない。

とっても気になる映画やアニメの疑問

傘で空を飛ぶことはできないのでしょうか？

傘で空を飛べたらなあ……と思ったこと、ありませんか。晴れた日にはムチャクチャ気持ちよさそうだし、雨の日だって傘だから平気。まことに快適そうである。

これを実践した作品には、たとえば『メリー・ポピンズ』というミュージカル映画がある。子どもたちの教育係として、雲の上から魔法使いのメリー・ポピンズが傘で飛んでくる。公開は1964年とだいぶ昔だけど、この映画の原作(児童文学の『メアリー・ポピンズ』)の1冊目が書かれたのは、その30年も前！　傘で飛べたらいいなあ、と思う人は昔からいたんですなあ。

もちろん、同じようなことをしている作品は他にもあって、『ONE PIECE』のミス・バレンタインは巨大なパラソルを広げて空を舞うし、『スーパーマリオブラザーズ』のピーチ姫は「カッサー」につかまって空を飛ぶし、『星のカービィ』でもパラソル能力を使えば、ふわふわ宙を漂うことができる。藤子不二雄Ⓐ先生原作の『パラソルヘンべえ』というアニメもありましたな。

　これほどみんなが夢見ていることなのに、実際に傘で飛んでいる人を見たことはないし、研究している人がいるとも聞かない。なぜだろうか？　ぜひここで筆者が研究してみよう。

◆タンポポの綿毛はなぜ飛ぶ？

　メリー・ポピンズは、右手に傘を持ち、左手に鞄を下げて、風に乗ってやってきた。東風の強い日だった。

　自然界にも、風に乗って飛ぶものはある。身近なのはタンポポの綿毛だろう。風速10m／秒の春風が吹く日は、10㎞もの距離を飛ぶことがあるという。多くの種類のクモの子も、春に卵からかえると、糸を空中になびかせて風に乗って飛ぶ。「バルーニング」と呼ばれ、外国航路の船でバルーニング中のクモが捕獲されたこともあるし、インドのクモが日本で見つかった記録もある。どちらも生活範囲を広げるための仕組みだが、驚くほど飛ぶものである。

　タンポポの綿毛やクモの子は、なぜ風に乗って飛べるのだろうか。「軽いから」と考えたくなるが、どんなに軽くても、重力は受ける。風は横向き(水平方向)に吹くから、綿毛などを水平に移動させる力は生まれても、重力に対抗する力は発生しないのでは……?

この問題について、イギリスのエディンバラ大学の植物学者・中山尚美さんたちのグループが研究し、2018年に科学雑誌「ネイチャー」に発表した。タンポポの綿毛の1本1本を「冠毛」といい、1つの綿毛には100本ほどの冠毛がついている。春先には太陽の熱で温められた地面から、上昇気流が発生している。それが冠毛のあいだの隙間を通り抜けると、綿毛の上に「渦輪」という渦が発生する。渦には近くの物体を吸い寄せる力がある。タンポポの綿毛は、上部にできる渦輪の力で、重力に対抗しているのだ。つまり、タンポポの綿毛が飛ぶのは、上昇気流のおかげ。春先の地面の近くの上昇気流は、秒速数十㎝という穏やかなものだが、タンポポの綿毛やクモの子の軽さなら、それでも充分に飛んでいける。

◆どんな上昇気流が必要か?

すると人間が傘で飛ぶ場合も、上昇気流が重要になるだろう。どれほどの上昇気流があればいいのだろうか?

物体が空気中を進むと、空気抵抗に邪魔される。その強さは「速度×速度」に比例するから、速度が2倍なら空気抵抗は4倍に、3倍なら9倍になる。これはモノが落ちるときも同じで、初めのうちは、重力に引かれてスピードが上がるけれど、同時に空気抵抗も強くなっていく。そして、空気抵抗が重力と同じ強さになると、もう速度は上がらなくなり、一定のスピードで落ちていく(この速度を「終端速度」という)。

ということは、上昇気流のスピードが「傘を持った人間が落下するときの終端速度」と同じだったら、落ちずに空中に浮かんでいられることになる。

では、その終端速度はどうやったら求められるだろうか？ まずは実験してみよう。傘(開いたときの直径1m7㎝、重さ382g)を、高さ1mから落として落下時間を計ると、5回の平均は1・042秒。空気抵抗がなければ0・445秒で落下するはずなので、かなりの空気抵抗が働いている。

ここから、体重50kgの人が傘を差して落ちるスピードを計算すると、11・4m/秒。ということは、それと同じ風速11・4m/秒の上昇気流が発生すれば、傘にぶら下がったまま浮いていられるはずだ。これは気象庁が「雄風」と呼んでいるクラスの風で、「木の大枝が揺れ、傘が差しにくくなる。電線が唸る」ような風。「おお、そのくらいの風なら！」と一瞬喜んでしまいそうになるが、これは水平に吹く普通の風を想定したもの。上昇気流で、そこまで強いものは、地面の近くではまず起こりません(積乱雲のなかでは発生する)。

◆でっかい傘ならなんとかなる?

では、傘で飛ぶのは不可能なのか? いやいや、あきらめるのはまだ早い。これに対しては、「傘を大きくする」という対処法がある。前述のように、空気抵抗は「速度×速度」に比例し、それは上昇気流などの風の力も同じ。そして、空気抵抗も風の力も、物体の断面積に比例する。

ということは、傘が充分に大きければ弱い風でも飛べるはずだ。

仮に、秒速50㎝の上昇気流が発生していたとしよう。それは、普通の傘で飛ぶための風速11・4m/秒の22・8分の1という弱い風だ。傘の面積は「直径×直径」に比例するから、その上昇気流で飛ぶには、22・8倍の直径が必要になる。前述の傘の直径は1m7㎝だったから、その22・8倍だと、直径24・4m! むちゃくちゃデカイ。この傘には、公式戦用のテニスコート(23・77m×10・97m)がスッポリ入ります!

ただし、これほどデカイ傘だと重くなる。「風速50㎝/秒でも、傘の直径が24・4mあれば飛べる」というのは、傘の重さが前述の382gだった場合の話。いくらなんでも、そんな傘はあり得ませんね。382gの傘を22・8倍に拡大すると、重さは22・8(縦)×22・8(横)×22・8

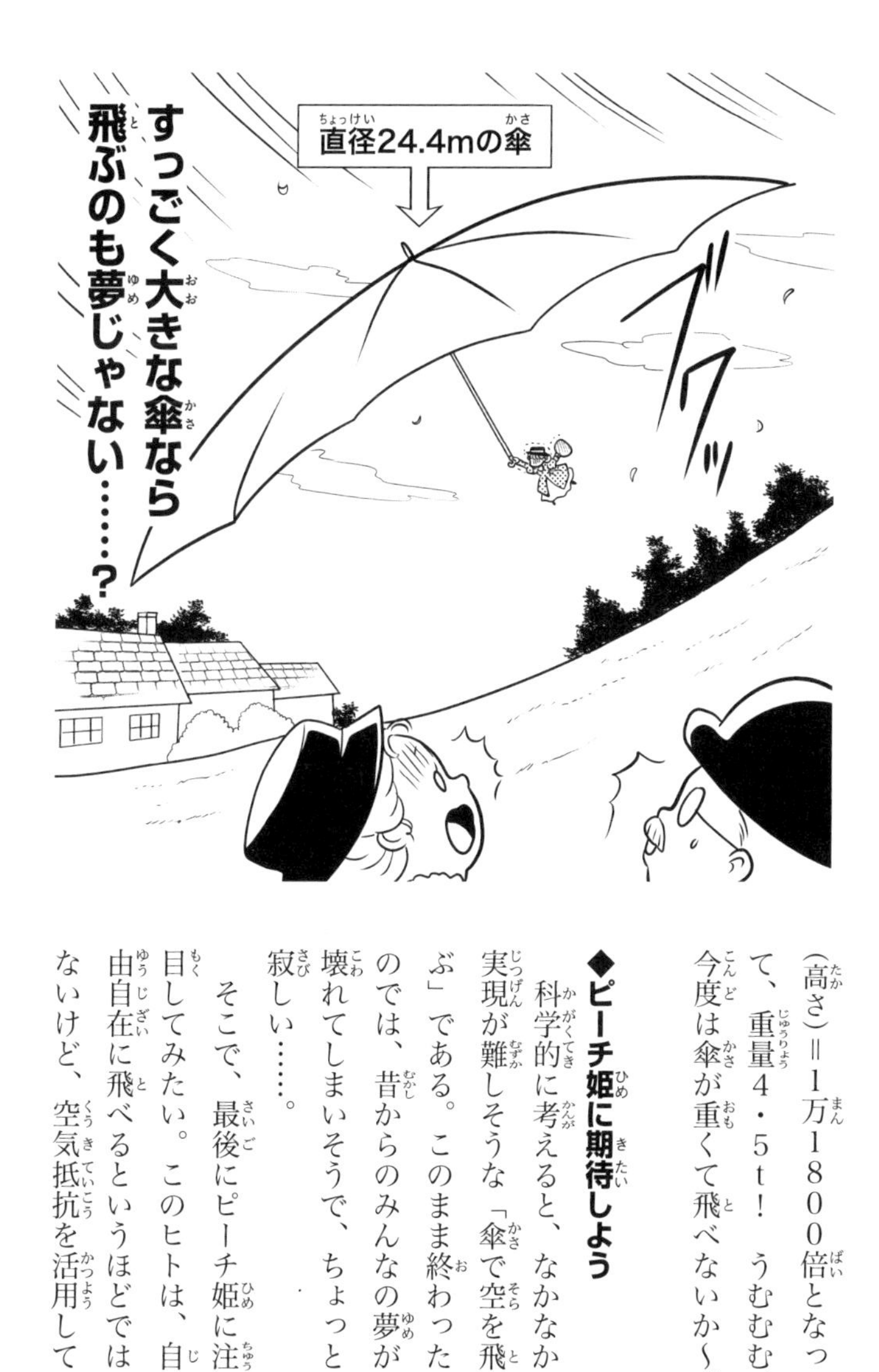

（高さ）＝1万1800倍となって、重量4・5t！　うむむ、今度は傘が重くて飛べないか〜。

◆ピーチ姫に期待しよう

科学的に考えると、なかなか実現が難しそうな「傘で空を飛ぶ」である。このまま終わったのでは、昔からのみんなの夢が壊れてしまいそうで、ちょっと寂しい……。

そこで、最後にピーチ姫に注目してみたい。このヒトは、自由自在に飛べるというほどではないけど、空気抵抗を活用して活躍した、といえる。「カッサー」で飛ぶときの体勢は、メリー・ポピンズと同じだが、注目したいのは映画『ザ・スーパーマリオブラザーズ・ムービー』の1シーン。トレーニングコースを鮮やかにクリアすると、スカートを広げてふわりと着地した。

劇中の描写では、ピーチ姫のスカートは、直径1・5mほどに広がっていた様子である。彼女の体重が50kgで、スカートの空気抵抗に関する性質が、実験に用いた筆者の傘と同じだとすると、終端速度は秒速8・1mという計算になる。これは高さ3・4mからの着地と同じで、どんな高さから飛び降りても、このスピードで着地できるのだ。

高さ3・4mというのは一般的な家屋の2階の窓くらい。普通の人がそんなところから飛び降りたら間違いなくケガをするが、映画内のピーチ姫は運動神経抜群だったから、そのくらいなんとかなるのでは……と期待したい！

とっても気になるマンガの疑問

『ちいかわ』の世界には「討伐」があります。危険ではないですか？

前著『ジュニア空想科学読本㉗』で、筆者は最初『ちいかわ』をグルメマンガと思っていた、という話を書きました。空想科学研究所のさなえさんに「もっとよく読みましょう」と言われ、読み直して「草むしり検定」の原稿を書いたのだが、その後もさらに何度か読んだところ、筆者はようやく気づきましたぞ。『ちいかわ』は、すごいバトルマンガではないですか！

あ。さなえさんが固まっている。でもこれ、根拠のある話で、この原稿を書いている時点で出ているコミックス第5巻までのマンガ本編のページ数を数えると、合計484ページ。そのうち、キメラなど危険そうな生物にまつわるエピソードや、武器に関するアレコレや、討伐などの熾烈

な戦い……に割かれているページが、なんと126ページもあるのだ。全体に占める割合26％！これはもう、疑いもなくバトルマンガでしょう。キビシイ戦いの合間に、仲間たちとの平穏な日々や、鎧さんたちとの温かなやり取りや、草むしり検定に向けた勉強の日々が描かれるわけで……、あれっ、さなえさんが固まったままだ！　どうしたんですか!?

うーむ、仕方がないので、原稿を書き続けよう。題材は、『ちいかわ』のなかでもひときわ重要な「討伐」について。それはどれほどたいへんな行為なのか、科学的に考えてみたい。

◆キメラの危険性とは？

ほのぼのとした『ちいかわ』世界だけど、実はキケンに満ちている。謎めいた生物がいろいろ出てきて、いきなり襲ってきたり、自分たちを食べようとしたりする。まったく油断ができない。

なかでも不気味な存在感を放つのが、キメラだ。これはもともと、ギリシャ神話に出てくる怪物「キマイラ」のことで、頭がライオン、胴体がヤギ、尻尾が蛇で、口から炎を吐く……という生物。ここから、さまざまな動物の体を組み合わせた生き物(たとえば、グリフォンやスフィンクス、ペガサスなど)もキメラと呼ばれるようになった。現実の生物学でも、遺伝子の異なる細胞からできた生き物を「キメラ」という。幅広く浸透した言葉なのだ。

『ちいかわ』世界のキメラが厄介なのは、「友好型」と「擬態型」がいること。友好型は、その名のとおり友好的で害を加えないが、友好型のフリをして急に襲ってくるものがいる。それが擬態型。たとえば、かわいいウサギのような姿で、楽しく歌いながら仲よく遊んでいると、たちまち手が鉄球に変わって襲いかかってくる！　また、ちいかわになついてきたのは、カブトムシのようなツノが生えている小さな生き物で、すっかり友達になったと思ったら、いきなり筋肉隆々の巨体に姿を変えて襲ってきた！

これらキメラの正体は、くわしくはわからない。しかし、作中にちらちら出てくるエピソードをつないで考えると、普通の生物がキメラに変化した可能性がある。ちいかわたちが「おっきい討伐」で戦った「あのこ」は、上半身はネコ、ツメや尻尾はトカゲという大型のキメラだったが、その正体はたぶん、ちいかわがシール貼りの仕事をしていたときの同僚！　また、いつも生意気なモモンガは、でかつよというキメラから「返せッ返せッ返せッ」と執拗に追いかけられていて、ひょっとしたら両者は精神が入れ替わっているのでは……とさえも思われる。

要するに『ちいかわ』世界では、生物が突然に変化してしまう可能性があるわけだ。現実の世界では、動物図鑑や動物園などで、生物の生態や危険性をおおむね知ることができる。それは、一度生まれた生物は変わらないから。そうでなかったら、「自分以外の生物には近づかない」というほど慎重に行動する必要さえある。ちいかわたちは、そんなヤバイ環境で生きている。

◆さすまたで倒せるのだろうか？

怖いキメラを退治する仕事が「討伐」だ。さまざまある労働のなかでも、危険も大きく、それゆえ報酬も高いようだ。ちいかわたちは、繰り返し討伐に行っている。

このとき、ちいかわとハチワレが使う武器が「さすまた」だ。ちいかわはピンク、ハチワレは青いものを持っている。さすまたは、漢字では「刺股」と書き、江戸時代から使われてきた捕獲用具。現在でも、学校やスーパーなどに広く導入されている。２０２３年の秋には、東京・上野の貴金属店で、店員がさすまたで強盗を撃退したことも話題になった。

さすまたを販売しているサイトで調べると、「長さ2・5m、重さ1・5kg」くらいが普通のようで、使い方として「刺股は相手を攻撃する道具ではありません。侵入者を一時的に拘束し、その場に居合わせた人を避難させ、警察の到着までの時間を稼ぐ道具です」と書いてある。なにっ、時間を稼ぐための道具!?　ちいかわ、ハチワレ、うさぎの3人は「おっきい討伐」の際、ドローンのような飛行マシンで森に行って、「あのこ」と戦っていた。ぜんぜん歯が立たなかったが、仮にさすまたで動きを封じたとしても、それは時間稼ぎにすぎず、もっと強い援軍が来ないと捕縛

は難しいということ!?
　そもそも、ちいかわたちは体も小さいから、そのさすまたも小さい。ちいかわの正確な身長は不明だが、さまざまな描写から察するに40㎝ほどではないだろうか。すると、人間の4分の1ほどとなる。さすまたも同じ比率で小さかった場合、その長さは63㎝、重さは23g!
　こ、これはあまりにも軽い。空の500mLペットボトルと同じくらい。そんなモノで、キメラに対抗することなどできるのか!?

◆どの武器がいちばん便利？

さすまたに比べると、うさぎが持っているナゾの武器のほうが、戦いに有利な気がする。

それはシンプルな棒の形で、その両端から何かが「ドゥンドゥン」と発射される。ただ、その前に「ジジジ……」と音がしているから、銃のように自分の決めたタイミングで発砲するのではなく、火のついた導火線が燃え尽きたときに発射されるのだろう。

すると、使い方はなかなかムズカシそうだ。威力はありそうだが、いつ発射できるかわからない！　とりあえずキメラに向けておいて、発射されるのをじっと待つ……。しかも棒の両端から、同時にドゥンドゥンと放たれるのだ。キメラに向けて撃ったとき、後方にちいかわやハチワレがいたら……と思うとモーレツに心配！

一方、討伐成績ランキング№1のラッコの武器は、西洋風の剣である。これで巨大なキメラでも、一刀のもとに斬り捨てる。

前述のとおり、この世界のキメラたちは急に大きくなって襲ってくることがある。そういう不確定要素を考えると、時間稼ぎ専用のさすまたや、発射のタイミングが選べないドゥンドゥン棒よりも、シンプルな剣のほうが便利かもしれません。まあ、ちいかわたちに剣は似合わない気もするけどねー。

とっても気になるアニメの疑問

『君のことが大大大大大好きな100人の彼女』の恋太郎のように、彼女を100人作ることはできますか？

わはははははは。すごいタイトルのアニメですなあ。彼女がキミを好きなだけでもシアワセなのに「大大大大大好き」。そんなヒトが1人でもいてくれたらウレシイのに「100人の彼女」。いやもう、男子のアサハカな夢が詰まりまくりだ〜〜〜っ。

このうらやましすぎる話の主人公は、愛城恋太郎。このたび「お花の蜜大学附属高等学校」に入学することになったが、過去に一度もモテたことがない。100回告白して100連敗！

そこで縁結びの神社に行って「高校では彼女ができて、幸せな学園生活を送れますように！」と必死の祈願をしたところ、なんと神さまが姿を現した。そして「大丈夫じゃ恋太郎。お主は高校で、運命の人と出会うことになっておる」と、オドロキの太鼓判を押してくれた！

神さまによると「運命の人」とは、生まれたときから定まっている「最高の恋愛パートナー」で、その相手に出会うと「たちどころにビビーンと電気が走り、互いを好きで好きでたまらなくなるのじゃ！」。うーむ。科学的にはもう少しハッキリ定義してくれんかな、と筆者が思っていると、神さまは続けてこう言った。「しかも、お主が高校で出会う運命の人は、なんと１００人もおるのじゃ！」。なんですと〜〜〜〜〜っ!?

この神さまのお告げは、ただちに的中する。入学した日に、恋太郎は学校の廊下で女子２人にぶつかって、恋太郎にも、２人の女子にも、ビビ——————ン!!と衝撃が走った！　いきなり運命の人たちに出会ったのだ。しかもその後、２人の女子に「愛城くん、好きです。私とつき合ってください」「私も愛城のことが好きなの。つき合ってください」と続けざまに告白される。うははは、なんじゃそりゃー。もうあり得ないほどウヒョヒョの展開だー。

ところがところが！　世のなか、そんなに甘くはなかった。女子２人に告られて、どう返事をするか悩んだ恋太郎が再び神社に行くと、神さまがこう言うではないか。「運命の人と出会った人間は、その相手と愛し合って幸せになれる。じゃが、それが叶わなかった場合、なんやかんやいろいろあって、死ぬのじゃ」。科学的には「なんやかんや」のあたりをきちんと説明してほしいが、もはやそれは問題ではない。運命の人と出会って、恋が成就しなかったら死ぬ⁉ ってことは、恋太郎が女子2人のどちらか1人を選んだら、選ばれなかったほうは死ぬ⁉

能天気なウヒョヒョ話が、たちまち大変な話になってきた。相手が2人でも悩むのに、前述のとおり、恋太郎が高校時代に出会う運命の人は100人！ 彼女たちは恋太郎と相思相愛にならない限り、死ぬ。つまり恋太郎は、女子100人としっかり愛し合わなければならないのだ！

タイトルの印象と、実際にアニメを見た後で、これほど思い入れが変わる作品も珍しい。しかも、恋太郎がとてもいいヤツなので、このウヒョヒョ&キビシイ状況を乗り切ってほしいと応援したくなる。だが、高校3年間に100人の女子と愛を育むことなどできるのだろうか？

◆恋太郎はなぜモテる？

入学初日に、廊下でぶつかった2人の「運命の人」は、可憐な花園羽香里と、ツンデレの院田唐音。どちらも恋太郎に一目惚れして、羽香里は「すみません、足をくじいてしまったみたいで……。保健室まで肩を貸してもらえますか？」とまっすぐにアプローチし、唐音も足をくじいたらしいが「別にあんたの肩が借りたくて、足をくじいたんじゃないんだからね！」と、ややこしい誘い方をする。

この時点では、まだ「恋太郎」という名前も知らないのに、彼女たちがここまで好意をダダ漏れさせるのは、もちろん彼が運命の人だからだろう。だが、それだけではない。過去に100回も失恋してきた恋太郎は、それゆえ人の気持ちに敏感で、ぶつかって足をくじいた(たぶん大げさに言っている)2人を前に「俺は、運命の人を傷つけてしまった……」と真剣に落ち込んで、自分で自分を激しく殴ったりする。羽香里も唐音も、真摯なその姿勢にキュンとするのだ。

2人から「つき合ってください」と告白され、神さまの説明を聞いて一晩考えた恋太郎は、翌日、羽香里と唐音を前に「2人とも俺とつき合ってください！」とお願いする。これには、唐音が「二股なんてありえない！」と当然の反応をするが、恋太郎は「二股だからってツライ思いなんてさせない。俺のすべてを賭けて、誰よりも幸せにしてみせるから、だから頼む。2人とも、俺とつき合ってください！」と、あきらめない。

このとき恋太郎は2人に、ピンクの四つ葉のクローバーを1本ずつ渡していた。この学校では、「中庭に生えている四つ葉のクローバーを渡しながら告白すると、必ずうまくいく」といわれていて、前日にも羽香里と唐音が懸命に探したが、見つからなかった。それを恋太郎は2本も探してきたのだ。四つ葉のクローバーが見つかる確率は実際に少なくて、1万本に1本だといわれる。するとそれを2本見つけた恋太郎は、少なくとも2万本のクローバーを調べたのだろう。1秒に1本ずつ丹念に見ていったとすると、5時間33分かかる。羽香里は「ま、まさか、一晩じゅう……」と驚くが、恋太郎の手は泥だらけだったし、確かに必死になって探した感じだった。そして恋太郎が「俺がこれを渡しながら告白したら、2人に喜んでもらえるかなって……」と伝えると、相手の気持ちを大切にする恋太郎に、2人ともココロを射貫かれてしまった。

羽香里は「なるほど、わかりました。私は二股でも構いません。フラれることに比べれば、二股程度、至極些細な問題でしかありません」と答え、唐音も「幸せにしないと承知しないんだからね」と返事をする。こうして恋太郎は、ウソみたいな「両手に花」状態になったのだ……！

◆実際に彼女を100人作ったら？

その後も恋太郎は、物静かで本が好きな好本静、効率最優先で勉強にしか興味のない栄逢凪乃、化学部部長でいろいろな薬を発明する薬膳楠莉と、次々に「運命の人」に出会い、彼女がどんどん増えていく。これを書いている時点では、アニメは第12話まで放送されていて、なんと羽香里の母親の羽々里ともつき合うことになった！　それでもまだ6人目。さらに94人の相手と出会い、愛を育むようになるのだろう。

前述のように「愛し合わないと、運命の人が死ぬ」という事情もあるが、恋太郎はいずれの女性も本気で好きになり、まじめにつき合いを続けている。とはいえ、これがどんどん増えて、同時に１００人とつき合うことなど、実際にできるのだろうか？

彼女が１００人ということは、自分を含めて１０１人。みんなでデートに行こうとしても、路線バスの定員は70人程度だから、全員が同じバスには乗れない。次のバスが10分後に来るとしたら、後発組は10分待たねばならないし、先発組も降りたところで10分待つことになる。お茶をするのも大変。あるファンの調査によれば、スターバックスコーヒーの１店舗あたりの客席数は平均56席というから、かなり大きな店舗じゃないと全員は入り切れない。映画を観るにしても、１０１人の好みはバラバラだろうから、たとえば『ゴジラ－１・０』と『あの花が咲く丘で、君とまた出会えたら。』と『ナポレオン』と『翔んで埼玉〜琵琶湖より愛をこめて〜』のグループに分かれて鑑賞し、恋太郎はすべてを観ることになるのだろう。他にも、遊園地でもバラバラに遊ぶしかないとか、移動のたびに点呼が必要とか、いろいろ問題がありそうだ。要するに、デート＝修学旅行と思ったほうがいい。もう大型バスを２台借り切って出かけるとかね。

◆健康も、おカネも、時間も大変！

だからといって、２人きりのデートができるのか？　１日に１人ずつ会っても一巡するのに１

００日かかるのだ。４月１日に会った相手と次に会うのは、７月10日。季節が変わっている！

それぞれの誕生日はどうするのだろう？　その日だけはその相手とだけ過ごす、というのはムズカシイかもしれない。彼女が１００人もいると、全員の誕生日が違う確率は、４５０万分の１でしかないからだ。

バレンタインデーには、本命チョコだけで１００個届く。そのチョコレートを全部食べたとしたら、１個１００ｇでも合計10㎏。チョコレート１００ｇには５５０キロカロリーが含まれるから、総計５万５千キロカロリーとなって、そんなに食べたら恋太郎は激太りするだろう。

さらに、１ヵ月後のホワイトデーには１００個のお返しをしなければならず、１個５００円だとしても５万円かかる。クリスマスにプレゼントをやり取りするとしたら１００個必要で、１個千円だとすると10万円かかる！　経済的にも負担が大きい。

そもそも日常的なやり取りも大変だ。１００人に朝昼晩ラインを送るとしたら、計３００通。１通あたり30秒で書くなら、計９千秒＝２時間半。１０１人でライングループを作り、一斉にやり取りしたほうがいいだろうが、いっぺんに１００通の返事が来たら、読んだり、返信したりするだけでも一苦労……。うーむ、思ったよりもキビシそうだぞ、運命の人１００人ライフ。

まだ増加途中とはいえ、恋太郎が対応できているのは、彼の真摯な姿勢ゆえだろう。現実的な例でいえば、筆者が大学生の頃、あるイケメン友人が10股かけて交際していて、彼の部屋に遊びに行ったら、電話(当時だから固定電話ね)が冷蔵庫のなかに入れてあった。筆者が冷蔵庫を開けると、リーンリーンと呼び出し音が鳴り続けていた。10股友人は「俺が浮気してないか、確認の電話が鳴りっぱなしなんだよ」と疲れた顔で言った。彼女をいっぺんに何人も作ると、こういうことになるのが普通です。皆さん、甘い夢を見ず、誠実に生きていきましょう。

とっても気になるゲームの疑問

『星のカービィ』のウィスピーウッズは、最初のゲームから登場しています。なぜ？弱そうな印象なんだけど？

いわゆる「テレビゲーム」というのが登場したのは、筆者が高校生の頃で、画面はドットが粗く、動きも上下と左右だけ……という単純なものだった。それがいまでは、映画のように美しい画面のなかを、キャラたちがとっても滑らかに動く。技術の進歩がスゴイですなあ。

そんな激変の日々を乗り越えて、昔もいまも独自の地位を守り続けているのが、『星のカービィ』のウィスピーウッズである。『カービィ』の第1作は1992年発売だから、いまから30年以上も前。白黒の画面で、カービィも縦横に動くだけ……というこのゲームにおいて、ウィスピーウッズは「第1ステージのボス」として登場しているのだ。そして、2023年発売の『星のカービィ Wii デラックス』でも、第1ステージ・クッキーカントリーのボス。これだけ長く同じ地位を守っているのだから、これはもうレジェンドと称えるべきだろう。

ウィスピーウッズは、顔のついた大木。リンゴの実を落としたり、口から空気弾を吐いたりして攻撃する。でも、弱い。まあ、木ですからね。動けないのだから、弱くて当然です。第1ステージとはいえ、なぜ木がボスなの!?とフシギな気もしてくるが……。

いやいや、逆にそれがすごいじゃないですか。こういうヒトが、30年を超える『カービィ』の歴史に残り続けてきたのには、きっと大きな理由があるのだろう。本稿では、ウィスピーウッズの能力と魅力を科学的に探ってみたい。

◆リンゴの基礎知識

ウィスピーウッズの攻撃といえば、リンゴの実を落とすこと。すると当然、このキャラは「リンゴの木」だろう。ゲームによっては、ナスやニンジンを武器にするようだが、それには目をつぶって、ここではリンゴと考えることにする。

リンゴとは「植物界被子植物門双子葉植物綱バラ目バラ科」の落葉高木である。その木は、放置しておくと7~8mほどの高さに成長するというが、実を収穫しやすくするために、低めに育てられることが多い。「りんご大学」というサイトの「一木先生のリンゴ学講座」(元青森県りんご試験場長・一木茂)によれば、青森県の普通栽培における標準的な樹高は４～４・５ｍ、樹冠(枝の茂り方)は半円形だという。ウィスピーウッズもまさにそんなサイズ感＆姿だ。

また、リンゴの木はしっかりとした根を張り、深いものは地下３～４ｍにも達する。４～５月に花を咲かせ、８～11月に1本あたり３００～５００個もの実をつける。

ただし、リンゴは自分の花の花粉では受精できず、別の木の、しかも品種の違う木の花粉でないと実がならない(これを「他家結実性」という)。よってリンゴ農家では、マメコバチを放したり、手作業で違う品種の花粉を、一つ一つめしべにつけたりする。この「人工授粉」は、花が咲いている数日のうちにやらねばならず、めっちゃ大変。リンゴは手がかかる植物なのだ。

リンゴについてのエピソードでは「アダムとイブは、禁断のリンゴの実を食べたため、エデンの園を追放された」というのが有名だが、筆者がココロ惹かれるのは、やはり「ニュートンはリンゴの果実が落ちるのを見て、万有引力を発見した」というものだ。このときのリンゴは、収穫前に実が落ちることの多い「ケントの花」という品種で、まさに万有引力を発見させるのにふさわしい。発見のきっかけになった木は「ニュートンのりんご」と呼ばれ、いま現地にはその木の子孫が保存されている。苗木は世界の各地で育てられ、日本では小石川植物園(東京大学大学院理学系研究科附属植物園）などで見られます。

――と、リンゴの知識を共有したところで、さあ、ウィスピーウッズについて検証しよう。いずれの情報も役に立ちますぞ～。

◆リンゴ落下作戦は効果的か？

カービィがウィスピーウッズに近づくと、口から空気弾を出したり、リンゴの実を落としたりする。カービィは、前方と頭上からの攻撃に対応しなければならないのだ。

このうちリンゴの実は、落ちてくるのを吸い込んで、ただちに吐き出せば、星形の弾になって、ウィスピーウッズを攻撃できる。落ちてきた分だけ攻撃力が増すわけで、これ、どう考えてもカービィに武器弾薬を与えているようにしか思えません！

そもそも「リンゴを落とす」という攻撃方法は、科学的にどうなのだろうか？　リンゴの実がカービィの頭上2mから落ちてくるなら、スピードは秒速6・3m＝時速23kmに達する。要する時間は、わずか0・64秒。人間の場合、何かに気づいて行動を起こすのに0・1秒かかるから、落下後0・54秒以内に気づく必要がある。カービィとしては、頭上に細心の注意を払わねばならないが、すると前方からの空気弾にやられる危険が出てくる。つまり作戦としては悪くない。

筆者が思うに、ウィスピーウッズは、いっぺんにたくさんのリンゴを落とせばいいのではないか。前述のとおり、1本の木になるリンゴの実は300～500個というスゴイ数なのだ。実際、2018年に発売された『星のカービィ スターアライズ』では、モノスゴイ数のリンゴを降らせる「大豊作リンゴフェスティバル」という攻撃を行っていた。フェスティバルに限らず、普段からそれでいいんじゃないですかね。カービィはウィスピーウッズの左側で戦うことが多いから、枝が半径2mに茂るなら、リンゴが落ちてくる面積は2×2×3・14÷2＝6・28㎡。そこに半径8㎝のリンゴ400個がいっぺんに落ちてきたら、リンゴの表面同士の間隔は平均6・5㎝。カービィの体の直径は20㎝ほどだから、確実にどれか当たるに違いない。

ただし、カービィが「すいこみ」能力を発揮して、それらすべてを吸い込んじゃったら、ウィスピーウッズはたちまち大ピンチに陥ってしまう。リンゴ1個の重さが250gだとすると、400個の重さは合計100㎏。もしカービィが時速100㎞の弾にして放ってきたら、ライフル弾15発分の破壊力になる！　うむむ、やっぱり物量作戦は、逆利用されたときがコワイな。

◆えっ、リンゴの木が歩き出す!?

まさに「両刃の剣」ともいえるリンゴ落とし攻撃だが、1998年発売の『星のカービィ3』

において、ウィスピーウッズの攻撃法は劇的な進化を遂げた。前述のように、口からナスやニンジンを吐くようになったのがその一つ。ナスはナス科の植物の果実、ニンジンはセリ科の植物の根であり、なぜそんなものがバラ科のリンゴの幹から出てくるのか全然わかりません。

それよりスゴイのは、カービィが攻撃を続けて、ウィスピーウッズの体力が減ると、第二形態に移行すること。モノスゴク怒った顔に変わり、根っこを地面からズボッと抜いて、ズシズシと歩き始めるのだ。そ、それだけは、植物としてやってはいけません！

植物は根から水を吸い上げるが、太い根っこから直接吸うわけではない。根の表面の細胞の一つ一つから「根毛」という細い毛が伸びていて、そこから吸収するのだ。だから木を植え替えるときは、根毛を傷つけないようにまわりの土ごと掘り出すか、それができない場合は、掘り出した根を大胆に切って、新しい根が生え、根毛が伸びるのを促すわけである。

ウィスピーウッズがどうしても歩くなら、できるだけ根を傷つけないように、せめてゆっくり静かに……と思ったら、前述の『スターアライズ』では、ぬゎんと大ジャンプ！　わわーっ、そんなコトをしたら、根毛はズダボロになって、ウィスピーウッズの人生は終わってしまうよーっ。

いろいろ心配なウィスピーウッズの攻撃方法だが、筆者が思うに、このヒトにハッキリと目や口がついているのが問題なのではなかろうか。植物なのに顔なんぞがあるから、ただちに「こい

つがこのステージのボス」とバレて、どんどん攻撃を受けてしまうのでは……？

　他家結実性のリンゴが実をつけているのだから、近くに別の品種のリンゴの木もあるはずだ。その木と結託して、どちらも普通の木のフリをし、カービィが近づいてきたら、一斉に時速23kmで果実８００個を降らせる……という作戦はどうだっ!?

　これがうまくいったら、『カービィ』は第1ステージの攻略がヒジョ〜に難しい！　なんてことになるかもしれませんぞ。

とっても気になるマンガの疑問

『株式会社マジルミエ』では、魔法少女が「ホーキ」という魔道具で空を飛びます。どんな原理ですか？

「いまイチオシのマンガは？」と聞かれたら、筆者は『株式会社マジルミエ』を挙げたい！　本当に面白く、胸が熱くなるマンガである。

舞台は、自然災害のように「怪異」が頻発する世界。対応するのは魔法少女で、彼女たちはどこかの企業に所属し、業務として怪異を退治する。怪異現象は年々増え、それに伴って「魔法少女企業」も増加、いまや大手から中小まで500社以上が乱立しているという。

その一つ、株式会社マジルミエは、総勢4人の超零細ベンチャー企業だ。主人公の桜木カナが、就職活動中にマジルミエ唯一の魔法少女・越谷仁美に出会うところから、この物語は始まる。

カナは、下調べや事前準備を怠らず、マニュアルや参考書も読み込むマジメな性格だが、就職活動はまるでうまくいかなかった。地味な自分に自信が持てないし、話すことも自己アピールも、とても苦手なのだ。ところが、越谷の怪異退治を手伝ったことをきっかけに、マジルミエのオフィスに行ってみると、意外な言葉が待っていた。

「冷静な観察力 報告と提言 そして積極的な対応」「気づいていないかもしれないが 君はとても優秀だ」。そう言ったのは、マジルミエの社長・重本。越谷を手伝うカナの姿を見て、自己アピール力などとは無関係の、本質的な能力を一発で見抜いたのだ。

こうしてカナは、マジルミエ2人目の魔法少女として、この小さな会社で働くことになる。先輩の越谷が天才肌で、怪異退治でもガンガン前に出ていくのに対して、カナは少し下がって越谷をサポートするタイプだ。だが意外なことに、カナのそんな仕事ぶりこそが、他のメンバーの持ち味を活かし、マジルミエという企業を成長させていく……！

ここまでの説明で、わかってもらえただろう。『株式会社マジルミエ』は、魔法少女が活躍するファンタジーであると同時に、「人といっしょに働くとはどういうことか」を描いたビジネスマンガなのだ。一つひとつのエピソードがとても熱く、説得力がある。魔法少女を大切に思うあまり、自分も女装している社長の重本をはじめ、マジルミエの社員は全員とても素敵だし、仕事の相手や省庁の関係者にも魅力的なキャラが多い。スバラシイ作品だ。

そんなふうに思っていたところ、ちょうどこの原稿を書いている2023年11月29日、『マジルミエ』のアニメ化が発表された！　嬉しい！　きっと大ヒットするに違いない！

◆「ホーキ」とは何か？

この作品の大きな特徴は、「魔法少女は一人で戦うのではない」という視点だ。

各種の魔法を開発するのは各企業の魔法エンジニアで、少女たちはそれを駆使して怪異に立ち向かう。大きな企業は、威力の大きい魔法を開発し、魔法少女が一人だけで対処できることを目指すが（そのほうが人件費を抑えられるからね）、マジルミエの方針は徹底してチームプレー。カナが現場の状況を把握し、最前線で戦う越谷と、バックオフィスで対応するエンジニア・二子山に情報と指示を送ることで、チームが一丸となって怪異を退治する。

カナたち魔法少女が乗っているのも、魔法のホウキではなく、「ホーキ」と呼ばれるメカニカルな魔道具だ。またがって飛ぶ乗り物だが、形状は、部屋や庭を掃くホウキというより、ハンディタイプの電動掃除機に近い。魔法を使うのに必須のアイテムではないが、怪異を退治するときは、おおむねこれに乗って戦っている。

開発したのは、外部の専門業者で、まだ小学生(たぶん低学年)の女の子・銀次。彼女はモーレツな天才で、越谷が乗っているホーキを観察して「ここに傷があるってことは乗り手が体を無意識に庇ってる」などと鋭く見抜く。そして、それを反映させた新しい機体を、わずか数日で作ってしまったりする。

カナや越谷の乗るホーキの形状は、目測だが長さ1・5mくらい。材質は不明だが、アルミニウムやチタンなど軽金属の合金か、炭素繊維強化プラスチックなどでできている印象で、最後尾から何かを噴射する。すると気になる。このホーキは実際に飛べるのだろうか?

◆モーレツな空気抵抗と戦う

もちろん「魔法で飛んでいる」という考えもアリだけど、魔法を使っているにせよ、飛行の原理は知りたいところである。

作中でも、カナの読んでいた参考書には「突風がきたら」や「ホーキの疲労症状」などが載っていたから、「魔法でなんでもクリア」というわけではないようだ。

また、大手化粧品メーカーのミヤコ堂は、魔法少女にもおすすめのファンデーション「エアリーファンデ」を発売していた。その広告には「飛行しても崩れない!」の謳い文句とともに「飛行速度40㎞／h」でのお化粧の状況が載っていたから、ホーキは少なくともそれ以上のスピードが出せるのだろう。それにしても、空を飛ぶときにお化粧がどうなるかなど、筆者はこれまでに一度も気にしたことがありませんでした。確かに魔法少女にとっては、重要な問題なのかも……。

空を飛ぶには、①重力に対抗して体を浮かす力(揚力)と、②前進するための力(推力)が必要だ。両者には密接な関係があり、たとえば航空機は、ジェットエンジンの推力で前進すると同時に、翼で風を受け、その絶妙な形が作る空気の流れが揚力を生み出している。

ところが、この作品で魔法少女たちが使うホーキは、後部からは何かが噴射されているものの、翼のようなものはない。揚力を生むものが見当たらないということは、たぶん魔法が揚力を生んでいるのだろう。その場合、噴射による推力はどのくらいか？

それを明らかにする性能が、「加速力」だ。日本の中型バイクで№1の加速力を誇る「カワサキ ザンザス」は、スタート後の400mを12・1秒で走る。カナや越谷は、ホーキでかなりの加速をしているように見えるから、これと同じ加速力を持つと考えよう。魔法少女は、風防も何もないホーキにまたがっているだけだから、バイクよりかなり大きな空気抵抗を受けるはずだ。それでなお、最初の400mを12・1秒で飛ぶための推力を計算すると……おお、「自分の体重＋ホーキの重さ」とほぼ同じ！ カナの体重を50㎏、ホーキの重さを2㎏と仮定して、ここはキ

りよく52kgと考えよう。

この推力をフルに発揮した場合、ホーキの1秒後の速度は時速35km、2秒後は時速67km、3秒後は時速94km……とすごい加速を示し、わずか12秒後には時速169kmに達する。これなら、怪異が発生した場所に、すぐにも駆けつけられる！

などと喜んでばかりもいられない。これだけ急激に速度を上げたら、空気抵抗もすさまじい勢いで増大していく。1秒後の空気抵抗は2・1kg、2秒後は7・9kg、3秒後は15・7kg、そして12秒後は50・５kg。ぬおっ、自分の体重を超えた！

スピードアップに伴う空気抵抗は、ホーキの推力に等しくなるまで上がり続ける。具体的には、スタートから19秒後、時速１７２kmのときに空気抵抗51・９kgとなり、するともう速度はほぼ上がらない。推力が自重（体重＋ホーキの重さ）と同じだとしたら、このあたりが魔法少女が使うホーキの最高スピードということになる。

◆横座りして飛んでいく

スタートから20秒弱で時速１７２kmに達するとは、おそるべき移動マシンだが、カナたち魔法少女は、これに身一つで乗っている。落下防止の命綱も、シートベルトもつけていない（そもそもホーキにはシートらしきものがない）。これはとってもコワイ状況だ。

そのうえ、乗り方が荒っぽい。越谷は後ろ向きに乗って怪異退治をしていたこともあるし、立ち乗りしながら「つぱ　通常ホーキは　立ち乗りしづれーな」などとも言っていた。カナに至っては、ホーキから身を乗り出して、やはりホーキに乗っている魔法少女・土刃メイを引っぱたいたことがある。このときはもうホーキは右手でつかんでいるだけで、またがってさえいなかった。よくぞ落ちなかったものである。

　また、ミヤコ堂の葵リリーは、おしとやかで品のいい魔法少女で、ホーキで空を飛ぶときも横座りをする。彼女は魔法少女のイメージ向上に熱心な女性だから、「またがるより横座りが上品」という信念があるのかもしれないが、きわめて危険である。鉄棒で想像してもらいたい。またがっていれば、両足で鉄棒をはさみつけることで、体の重心が鉄棒の真上から大きく外れることはない。これに対して、横座りは、鉄棒にお尻を乗っけているだけ。ちょっとでも前や後ろにずれたら、体の重心が鉄棒の真上から大きく外れ、たちまち転落する！

　そういった乗り方をしながら、時速１７２㎞で空を飛ぶ!?　と不安になるが、まあ、自動車でも最高時速を出すことはめったになく、道路ごとに定められた速度で走るからね。ホーキも法定速度のようなものが決められているのかもしれない。あ。ひょっとしたら、それがミヤコ堂の広告にあった「40㎞／h」!?

　確かに時速１７２㎞なんぞで飛んで現場に駆けつけたら、モーレツな風圧でファンデーションもリップもシャドウも崩れまくって、大変なコトになるのかも……。などなど魔法少女の実態を考えても楽しい『株式会社マジルミエ』。アニメ化おめでとうございます！　マンガのこれからも楽しみです。

とっても気になるマンガやアニメの疑問

マンガやアニメにはすごく視力がいいヒトたちが登場します。いちばん目がいいのは誰？

近年の学校での視力検査は、見え方をA、B、C、Dの4段階で表すそうですね。筆者が子どもの頃は、視力検査の結果は0・1刻みの数値で示され、「1・2以上は、すごく目がいい」というイメージがありました。筆者も中学2年までは視力2・0だったのに、その後どんどん悪くなって、たちまち0・1以下に……。当時、友達の大山くんがメガネをかけていたのがカッコよく思えて、オレも目が悪くなりたいと願ってしまったんだよー。視力が落ち始めたとき「やったー」と喜んだりしてたんだよー。なんてスットコドッコイだったんだー。

過去の自分を罵倒している場合ではありません。現在の視力表示を、当時の数字にあてはめると、Aは1・0以上、Bは0・9〜0・7、Cは0・6〜0・3、Dは0・2以下に相当するという。中学時代の筆者は、わずか1年ほどでA⇩Dに変化したわけである。

そして、本稿で考えてみたいのは、マンガやアニメに登場する「視力のいい人々」だ。この人たちの視力はもちろん全員Aだけど、それだけではすごさが全然伝わらないからだろう、作品中や設定においては、0・1刻みでの視力が示されている。

たとえば『緋弾のアリア』のレキは視力6・0、『トリコ』のスタージュンは7・5、『こち亀』の両津勘吉は8・0、再び『トリコ』のココは10・0だ。『Dr.STONE』のコハクは11・0で、さらに前巻『ジュニ空㉗』で紹介した『王子が私をあきらめない!』の一文字初雪は12・0!

このヒトたちの目はいったいどうなっているのか？　ここでいろいろ考えてみたい。

◆どうやって調べたのか？

表示の仕方は変わったが、昔もいまも学校の視力検査で使われるのが、円の一部に隙間のある「ランドルト環」だ。

たとえば、直径7・5㎜のランドルト環にあいた、幅1・5㎜の隙間がどこを向いているかを、5m離れて識別できれば「視力1・0」と判定される。視力の数値は「識別できるランドルト環の直径に反比例」し、直径7・5㎜の半分(直径3・75㎜)のランドルト環が識別できれば視力2・0、10倍(直径7・5㎝)のランドルト環しか識別できなければ視力0・1となる。

ただ、近年の学校での検査は、視力「0・3」「0・7」「1・0」の3つの視標だけで行う(370方式)ため、視力検査表もシンプルで、1枚の紙にランドルト環が1個だったりする。かつての視力検査表には、大きさの違うランドルト環が大⇩小の順にギッシリ並んでいて、それゆえ前述のように、視力が細かく測れたのだ。

それでも守備範囲は、視力0・1から2・0までだった。視力検査は「視力が不充分な人」を探し、適切な対応をするために行われるものなので、視力が0・1に達しない人には、被験者を検査表に近づけて正確に測定することはあっても、「2・0」の人にそれ以上の測定を行う必要はなかったからだ。

そう考えると、不思議なのは『緋弾のアリア』のレキなど、先ほど紹介したキャラたちである。2・0以上の視力をどうやって測ったのだろうか？

もちろん、2・0以上の視力を測定する方法はあって、たとえば、①もっと小さなランドルト環を使う。②検査表をもっと遠くから見る。より簡単な②で考えてみると、この場合「7・5㎜サイズのランドルト環が見える距離が5mの何倍か」が、そのまま視力になる。

すると、視力6・0のレキは、5×6＝30m離れても見える！視力8・0の両さんは40m、視力11・0のコハクは55m離れても見える！　視力12・0の初雪さまは60m離れても……！

このヒトたち、実際にそういう検査をしたのだろうか!?　と思ったら、なんと『こち亀』のコミックス第96巻では、視力がすごすぎる両さんのために屋外で検査しているシーンがあって、そこでは本当に40mくらい離れた検査表を見ていた！

すると、『王子が私をあきら

めない！』の初雪の場合は、王冠学園の校庭に距離60ｍの視力検査場を作って、初雪専用の検査が行われたに違いない。「12・0」と判定された瞬間、校庭を埋め尽くす生徒たちから、割れんばかりの拍手が起こったことだろう。

◆実績から考えると？

とはいえ、彼らは本当にその視力なのだろうか？　実績から考えてみよう。

『こち亀』両さんの場合は、前述のように視力検査をしていたから、疑いない視力だろう。

『緋弾のアリア』のレキの視力は６・０。距離２０５１ｍからの狙撃をスコープなしで成功させるという。標的の直径が10㎝だとすれば、これはランドルト環の「直径」ではなく「隙間の幅」と比較するべきだろう。１００㎜÷１・５㎜＝67倍の大きさのものが、２０５１ｍ÷５ｍ＝４１０・２倍の距離から識別できるとしたら、視力は４１０・２÷67＝６・１５３。おおっ、わずかだが、６・０を超えるではないか！

『王子が私を～』の初雪は、新しい星を肉眼で発見した。新しい星は、銀河系のなかで毎年10個ほど発見され、なかにはアマチュア天文家の発見した星もある。アマチュア天文家が使う口径10㎝ほどの望遠鏡の分解能は、人間の視力に換算して51・8。初雪さま、視力の再測定を！

さらに、具体的な視力は示されていないが、スゴイ実績を残した人もいる。『ONE PIECE』のウソップの父のヤソップは、ルフィが子どもの頃、目測30mほど離れたリンゴを撃ち抜いて見せた。ルフィが驚くと、ヤソップは「おれはアリの眉間にだってブチ込めるぜ」。日本でよく見かけるクロヤマアリは、体長5㎜。拡大写真で測定すると、眉間すなわち複眼の間隔は０・０４３㎜。この話が本当で、距離も同じ30mだとしたら、射撃の腕以前に、視力が２０９！

『もやしもん』の主人公、沢木惣右衛門直保は、空中を漂う菌が肉眼で見える。マンガの描写を見ると、10mくらい離れた菌も見えているようだ。擬人化された顔もハッキリ見えていて、菌たちも「直保ー、直保ー」と慕っている。それが酵母だとすると、直径０・００５〜０・０１㎜。その顔のパーツまで見えるとしたら、最小サイズの10分の1にあたる０・０００５㎜ほどのものが視認できているのだろう。すると、視力は6千だ！

そして、本書別項でも紹介している『SAND LAND』のスイマーズの長男・パイク。このヒトはなんと、85㎞離れた人の顔を精確にスケッチした！　詳細は『SAND LAND』の項を読んでほしいが、すると視力は1万7千！　新しい星も肉眼で発見できるし、空中の菌も見える！

いやはや、どいつもこいつもスゴイ。そしてウラヤマシイ。皆さんも「目が悪いほうがカッコイイ」などとスットコドッコイなことを思って、視力を落としたりしないようにねー。

とっても気になるマンガの疑問

『運命の巻戻士』は、何度も何度も時間を巻き戻して事件や事故を回避します。どんながんばりですか？

知人の編集長が、社員を採用する面接の際、「人生をやり直せるとしたら、いつからがいいですか？」という質問をすると言っていた。「なぜそんなことを聞くの？」と尋ねると、彼は「やり直したい時期を答えた人は、すべて落とす。やり直しなど考えず、いまを懸命に生きようとする人と働きたいからね」。わわーっ、そういうことかー。

まあ、その姿勢もわかるけど、ちょっとキビシすぎませんかね。誰だって「あのとき、ああしていれば」「こうしておけば」と悔やむことはあるんじゃないの!? ワタクシの人生なんて、半分は後悔でできておりますぞ。ああ、過去が変えられたら……ぶつぶつぶつ……。

そんな筆者の目からウロコが落ちたマンガが、「コロコロコミック」連載の『運命の巻戻士』である。主人公のクロノは、時空警察特殊機動隊、通称「巻戻士」。アイパッチに隠された右目には、タイムマシン「リトライアイ」が埋め込まれ、これを引っ張って「巻き戻し!!」と叫ぶと、時間を巻き戻せる！　この能力を使い、不慮の事故・事件で亡くなった人を救うのだ。

おお、そんなチカラがあれば、どんな悲劇も回避できる！　人生に悔いもなくなる！　と喜んでマンガを読み始めたところ、ややっ、そんなカンタンなお話ではなかった！

たとえば、高級ホテルで時限爆弾が爆発し１０４名が亡くなる、という事件が起こった。クロノは爆発の前まで時間を巻き戻し、客を避難させ、爆弾の処理に取りかかるが、窓の外へ投げようとしたとき、ドカァンと爆発！　再度時間を巻き戻して、爆弾の処理にあたるが、切断するコードを間違えて、またもドカァンと爆発！　もう一度巻き戻して別のコードを切るが、やっぱりドカァアン！　この調子で、何度やってもうまくいかない！　クロノと行動をともにする教官ＡＩのスマホンによれば「すでに決まった未来を変えられる確率は、１００万分の１とも言われています!!」。そう、時間を巻き戻しても、それだけで事態が好転するわけではないのだ。

そのうえ、時間を巻き戻すと、まわりの人々は何事もなかったように元に戻るけど、巻戻士だけは、繰り返す時間をすべて生きなければならない。だからこそ、前の経験を活かして、少しずつ成功に近づいていけるのだが、ケガなどは元に戻っても疲労は蓄積するし、何よりも精神の消耗がハンパない……！

それでもクロノは諦めない。何度も何度も時を巻き戻し、何度も何度も挑戦を繰り返す。『運命の巻戻士』は、失敗を繰り返すクロノのドタバタぶりに笑い転げながらも、気がつけばその不屈のがんばりに感動してしまう、心温まる作品なのである。

◆チャレンジ回数がモノスゴイ

人を救うために時間を巻き戻す。なんとスバラシイ職業なのか、巻戻士！と褒め称えるのはカンタンだが、これを実践して悲劇を回避するのはメチャクチャ大変そうである。第2話「令嬢を無人島から救え」で、その艱難辛苦っぷりを見てみよう。

大金持ちのご令嬢レイが「イルカを見るツアー」で大嵐に遭い、無人島に流れ着いて、2日目の午後2時11分に病気で死んでしまう。クロノに与えられた任務は、時間を巻き戻し、彼女が亡くなる前に、隣の島まで送り届け、医者に診せること。隣の島は、200㎞離れている。

東京巻戻士本部から無人島に転送されたクロノは、島で見つけた果物を食べて、食中毒になってしまい、早くも失敗する。ただちに時間を巻き戻し、2回目に挑む。

クロノは背中にレイを乗せて、２００㎞離れた島を目指して泳ぐ。ところが、クロノを信頼していないレイが背中で暴れたため、30㎞地点で力尽きて溺れてしまう（↑それでもすごい）。再び時間を巻き戻し、３回目。今度はイカダを作って海を渡る作戦に切り替え、ちょうどいい木が山のてっぺんに生えているのを見つける。だが、伐採しようとジャングルに入ると、レイがトラに襲われ、また命を落としてしまった。またも巻き戻し。

4回目、前回の経験からトラを松明で撃退するが、レイが大蛇に巻きつかれる。巻き戻し。5回目、トラも大蛇も撃退したが、今度はワニに食べられる。巻き戻し。

さらに、底なし沼にはまったり、毒グモに襲われたり、崖が崩れたり……。そのたびにクロノは起こったことと順番を記憶して、時間を巻き戻しては挑戦を繰り返す。めざす頂上に着いたのは、なんと１０２回目。ジャングルに入ってから１００回目だった。

作中の描写から、クロノは毎回ジャングルに分け入るところまで時間を巻き戻し、挑戦を繰り返した様子である。仮に山頂までの道のりが１㎞で、進んだ距離を１回目10ｍ、２回目20ｍ、３回目30ｍ……とチャレンジごとに10ｍずつ延ばし、１００回目に１０００ｍ＝１㎞を踏破したと考えよう。すると累計では「10＋20＋30＋……＋９８０＋９９０＋１０００」ｍを進んだことになり、こういう計算の答えは（最初の距離＋最後の距離）×回数÷２で求められるから、（10＋１００0

0)×100÷2＝5万5000m＝50・5㎞！　クロノはトータルでフルマラソン(42・195㎞)以上の距離を歩いたわけだ。足場の悪いジャングルで、猛獣たちと戦ったりしながら……。

◆151回巻き戻してイカダを作る！

山頂に着いたクロノは、尖った石で木を切り倒す。だが彼は、イカダの作り方を知らなかった。適当に作るがとても乗れるモノではなく、木はすでに切っちゃったので、時間を巻き戻して、伐採からやり直し！　何度も何度も巻き戻して、イカダが完成したのは252回目。スマホンは「すごい……!!　150回もやり直して完ペキなイカダの作り方をあみ出した!!」と驚いていた。

確かに驚くべき話である。クロノは「大木の伐採＋イカダの作製」を151回もやったのだから。木の直径は70㎝ほどもあり、そんなモノを石で切り倒すなど、常人にできることではない。ズバ抜けた体力のクロノが1時間で切ったとしても、151時間＝6日と7時間かかる！

また、完成したイカダは、直径70㎝、長さ3mほどの丸太3本でできていた。密度が1Lあたり600g(広葉樹の平均値)なら、重さは2・1t。マンガには描かれていなかったが、クロノはそれを浜辺まで運んだはずである。クロノが体重60kgなら、消費したエネルギーは2140キロカロリー。35・6㎞走ったのと同じなのだ。モノスゴイ！

そして、いよいよ海に乗り出す。このときも、サメに襲われたり、イカダが沈んだり、岩にぶつかったりして、やっぱり何度も巻き戻し。それでも269回目、隣の島まで80㎞に達する。なんと、イカダで120㎞も漕いだ計算になる。252回目のイカダ完成から18回目であり、これも1回ごとに同じだけ距離を延ばしたとすれば、漕いだ総距離は1140㎞！ 横浜の港からまっすぐ漕げば、鹿児島の奄美大島にまで達する気が遠くなるような距離だ。

◆クロノの心が壊れてしまう！

ところが、実はここからが苦労の連続だった。大波に襲われて、イカダはバラバラに！　それから何度挑戦しても、失敗ばかり。途中からイカダ以外の方法も試みるが、まるで成功しない！

そしてトータル1277回目、スマホンが「もうやめてください」と叫んだ。「これ以上レイさんの死を見続けたら心がこわれてしまいます!!」と、必死に忠告する。確かに、ジャングルで動物に襲われたり、島からの脱出を試みたりするごとに、レイは命を落としている。おそらくそれは1千回以上。時間を巻き戻せば生き返るとはいえ、クロノにとって、自分が守るべき人が死んでいくのを見続ける精神的苦痛はすさまじいだろう。

クロノは「わかったよ、脱出はあきらめる」と肩を落とし、次の巻き戻し1278回目、大きく方針を変えた。「ようこそ〝クロノリゾート〟へ!!」とレイを明るく出迎え、サーフィン、果物獲り、トラに乗って散歩……など、彼女を楽しませることに徹したのだ。レイの命を救えないのなら、せめて最後の時間は楽しく……と考えたのだろうか。クロノの気持ちを思うと胸が痛む。

ところがそんな状況でも、彼は「100万分の1の攻略未来」を見出した……！

それがどういう方法かは、ぜひとも『運命の巻戻士』を読んで確認してほしい。どんなに大変でも決してあきらめなかったクロノに、拍手を送りたくなるだろう。本当にいいマンガです。

とっても気になるゲームの疑問

『フォートナイト』のマイダスは、触った武器を金に変えるけど、金の武器で戦えますか？

おお、触った武器を金に変える！　なんとスバラシイ能力だろう！

金の値段は刻々と変わり、これを書いている昨今の相場は「1gあたり1万円前後」で推移している。未使用の鉛筆1本は4gだけど、金ならその重さで4万円！　高価な金属ですなあ。

本稿で注目したいのが、オンラインゲーム『フォートナイト』のマイダスである。このゲームには、いくつかの遊び方があるようだが、武器を集め、状況に応じて選び、戦う点は共通らしい。ゲーム内での姿は「スキン」と呼ばれ、その1人がマイダスだ。武器庫には普通の武器や乗り物が並んでいるが、この人が手に取ると金になる。剣も、弓も、銃も、爆弾も、自動車も！

筆者だったら片っ端から売り払って、贅沢三昧に暮らし、どんどんダメな人間になっていくと思われるが、マイダスはもちろん、そんなことはしない。金になった武器で戦うのだ。なかでも「マイダスドラムガン」という機関銃は、超強力らしい。

だが、武器を金にするのは、有益なことだろうか？　この問題を考えてみよう。

◆「質量保存の法則」で考えると？

マイダスというキャラには、モデルがあるという。それは、ギリシャ神話のミダス王。「王さまの耳はロバの耳」の王さまがこの人なのだが、『ギリシア神話』（石井桃子 編・訳／富山妙子 絵／のら書店）には、こんなエピソードも紹介されている。

酒の神ディオニュソスを立派に育てた老人が、ミダス王のブドウ畑で酔っ払ってフラフラしていた。ミダス王は、老人をディオニュソスのもとへ送り届ける。これにディオニュソスが感謝して「どんな願いでもかなえてやろう」と言うと、ミダス王は「手で触ったものが金になるようにしてください」と頼んだ。

願いをかなえてもらったミダス王は、初めは木の枝や小石が金に変わるのを喜んでいた。だが、食べようとしたブドウや炒り麦まで金になる。飲もうとした水も「どろどろの金」になってしまう。ついにミダス王には「金や、銀や、宝石が、あらゆるもののなかで、いちばんみにくいものに思えてきました」と結ばれる。まことに考えさせられる寓話である。

幸いマイダスの場合は、そういうことにはならないようだ。テーブルに触っても、頭を撫でた猫も金にならない。あくまでも、金になるのは「触った武器」である。

筆者が気になるのは、武器が金に変わる際に「質量保存の法則」が成り立つかどうか、だ。たとえば1kgの水が氷になると、体積が9%増えるが、重さは1kgのままである。1kgの重曹(炭酸水素ナトリウム)に熱を加えると、水蒸気と二酸化炭素と炭酸ナトリウムに分解するが、合計の重さはやはり1kgだ。このように「どんな変化が起きても質量(重さ)は変わらない」というのが、質量保存の法則。

これが成り立つとしたら、どうなるだろう。たとえば、長さ1m、重さ1kgの鉄の剣があったとしよう。鉄の密度は1Lあたり7・874kg、金は19・32kg。金は鉄の2・45倍も密度が大きいのだ。密度とは「体積あたりの重さ」のことだから、密度が2・45倍で、重さが変わらないとしたら、体積が「2・45分の1」=0・41倍になる。形が変わらないまま0・41倍に小さくなるとは、長さと幅と厚さが0・74倍に(0・74×0・74×0・74=0・41)なるということだ。長さ1mの剣が74㎝になってしまう! 短い!

◆金は重い金属だ

しかしゲーム内では、マイダスが触った武器は、同じ大きさのまま金になる。ということは、彼が武器を金にする際には、質量保存の法則が成り立たず、体積は変わらないまま金になるのだろう。科学的にはまことに不可解である。

このルールが成立する場合、武器の重さは2・45倍になるはずだ。そして、それはヒジョ〜に喜ばしい話ともいえる。金になるだけでなく、重さまで増えるのだから！　質量保存の法則が成り立つ場合は、1kgの鉄は1kgの金になり、現在の相場（1g1万円）と同じなら1千万円にしかならないが、1kgの鉄が2・45kgの金になったら、ぬゎんと2450万円になる！　うひょ〜。

カネの話に目がくらんでいる場合ではない。1kgの剣が2・45kgになったら、振り回すのもたいへんで、たちまち相手にやられてしまうのではないか。

もっと困るのはドラムガンだ。ドラムガンとは、弾倉がドラムの形をした機関銃で、現実世界にもある。銃身はもちろん鉄だが、手で持つ部分の「銃把」は、軽量化のために木でできている。頑丈なカシだとすれば、その密度は1Lあたり0・85kgで、金の密度はその22・8倍。もしドラムガンが金になったら、銃身の重さは2・45倍ですむけど、銃把は22・8倍になってしまう。よく知られたドラムガンのトンプソン・サブマシンガンは、弾薬を入れていないときの重さが

4・9kg。実物を見たことはないけど、写真で見ると、木の部分の体積は、鉄の部分の1・5倍ほどのようだ。計算の詳細は省くが、これが金になったら重さは5・3倍の26kgに……！

こんなに重い銃は、持っているだけで精いっぱい。とても戦えないので、とっとと売ッ払いましょう。2億6千万円になります。

◆金は軟らかい金属だ

もう一つ問題がある。金はとても軟らかい金属なのだ。

武器である以上、「硬さ」は必要だろう。硬さを表す数値の一つに「ビッカース硬さ(単位はHv)」というものがあるが(工学で「硬い」とは「静かに力をかけたとき変形しにくい」こと)、鋼鉄のビッカース硬さが２０１〜７２２Hv、アルミニウム合金が45〜１００Hvなのに対して、金は22Hv。メチャクチャ軟らかい金属である。

それゆえ、ネックレスや指輪の金には、銀や銅を混ぜて強度を増すことが多い。金製品の「純度」は、全体を24とした数字に「金」をつけて表すが、「18金のネックレス」というのは「24分の18」＝「４分の３」が金ということ(24金が純金)。14金や18金の指輪は、他の金属が混ぜてあるから変形が不自由になり、その結果として、傷がついたり変形したりしにくくなるのだ。

そんな軟らかい金属が、武器の素材になって大丈夫なのだろうか。剣も弓も銃も、ちょっと力を込めると、グニャリと曲がってしまう。自動車に至っては、もともと１ｔ前後の重量なのに、おそらく４〜５ｔになるだろう。それほどの重量物を、金製のタイヤとシャフトで支えきれるのか？　自重でべったりツブレてしまうのでは……。

う〜ん、カネに目がくらんだわけではないけど、やっぱり売ったほうがいいのではないですかな〜。

とっても気になるキャラの疑問

おぱんちゅうさぎの日々は、小さな不運の連続です。どれほど不運なのでしょうか？

『おぱんちゅうさぎ』の出発点は、2022年にX（当時Twitter）で始まった1〜2コマのマンガ（ときどき動画も）である。それがいまやグッズがいっぱい作られて、大人気。日本はもちろん、韓国などでもおおいに盛り上がっている。統一された世界観もあるような、ないような……なんだけど、そんなのどっちでも構わない。おぱんちゅうさぎがカワイイ！　そしてカワイソウ！　心から応援したくなる！

公式HPには「おぱんちゅうさぎはピンク色のうさぎで、地球に住むみんなのおトモダチ。いつもみんなを助けたくって、励ましたくって、日々奔走しているよ。頑張り屋さんだけど、どうにも報われない。毎日泣いちゃいそうだけど、健気に生きているゾ！」とある。いやもう、本当にそのとおり。困っている人を助けようとするし、他人の望みを叶えてあげようとする。でも、うまくいかない！　不憫、気の毒、いじらしい……どんな言葉を重ねても、おぱんちゅうさぎの切ない日々は語りつくせない。

おぱんちゅうさぎの人生は、なぜこうなのか。科学的に考えてみよう。

◆自分を犠牲にしすぎ

おぱんちゅうさぎは、自己犠牲精神が半端ではない。

たとえば、犬がティッシュを箱から何枚も引き出してビリビリに。「誰がやったの!?」と詰問されると、黙っている犬の横で、自分が手を挙げる！

コンビニで飴を1個買ったら、なんと5万円！　新人の店員さんがレジを打ち間違えたのだが、その金額を払ってしまう！

ワニワニパニックのゲームで、ワニたちが何度も叩かれるのを見ていられなくなり、その身をハンマーの前に投げ出す！

書類の山の横でパソコンに向かっている人が「ああ……残りの計算、だれかやっておいてくれ

ないかなあ」と言うと、書類を家に持ち帰ってそろばんを弾く！

この書類の山はモノスゴクて、「おそらく500枚はありそうな束が10段積み重なったもの」が7本もあった。総計3万5千枚！　仮に、書類1枚につき計算を10個しなければならず、1つに10秒かかるとしたら350万秒。不眠不休でも41日かかる！

さらにすごいのが、これ。「だれかー!!　止血できるモノをー!!」という声がすると、おぱんちゅうさぎはパンツを脱ごうとする！　いや、待て待て。おぱんちゅ脱ぐと、単なるうさぎになっちゃうよ！　人のためなら、自分の存在証明さえ振り捨てるとは……！

◆あまりに運が悪すぎる！

そもそも、おぱんちゅうさぎはアンラッキーである。

喫茶店でカップルがケンカして、女性が男性の顔にコップの水を浴びせる。ところが男性の後ろの席にはおぱんちゅうさぎがいて、全身ずぶ濡れ、食べていたオムライスも台無しに！

コンサートの「立見席の前から2列目」のチケットが手に入って喜ぶが、いざ行ってみると、1列目は胴体の長〜い犬で、後ろのほうからしか見られない！

回転寿司でいちばん端の席に座っていると、手前の6人グループがモーレツに食べていて、お寿司が1皿も回ってこない！

部屋に野球のボールがいくつも飛び込んでくるため、隅っこのソファに隠れるように座る！

居酒屋では、大人数の団体客と相席になってしまう！　自分は一人なのに！

さらに、クレープを買うと、クレープ屋さんが誤ってクレープを握りつぶす！　日本のクレープ市場規模は年間300億円。1個平均500円なら、年間6千万個が売れることになる。クレープをつぶして渡される人が他にいないなら、確率６千万分の1の不運に見舞われている！　1対1のジャンケンで、あいこをはさまずに16連敗するのと同じ！

　もっとオドロキの不運もある。たくさんの人にプレゼントをもらうのだが、中身が全部バウムクーヘン！　確認できるだけで50個ほど！　誰かにプレゼントをあげるとき、このお菓子を選ぶ確率が10分の1だとすると、こうした事態が起こる確率は10を50回かけた１００極（1のあとに0が50個）分の1。前述のジャンケンで１０５連敗するのと同じ！　どんだけ不運なんだ!?

◆優しさが裏目に出てしまう

　おぱんちゅうさぎの不憫な日々の原因は、本人の優しさにもある。他人がふと口にした望みを叶えてあげようとするのだ。

　たとえば、白米のご飯を食べていた人が「うめ〜!!　一生毎食米でもイイわっ!!」と言うと、おぱんちゅうさぎは田植えを始める！　当然、草取り、稲刈り、脱穀、精米までやる気だろう。

　このパターンはいろいろあって、「そろそろ家建てたいなぁー」という声を聞くと、家の設計図を描いて、工作を始める！

「ごめん。成人式行けないや…。お金なくて、振袖買えなくてさ…」と電話で話している女子がいると、振袖のデザイン画を描いて、縫い始める！

海岸で女子が「ヤバッ!! ピアスおとしたかも～」と言うのを聞くと、海中深く潜って捜す（しかも、かなり深海のイメージ）！

「もうムリだ…明日までに借金一千万も返せない…」と頭を抱えている人がいると、自分の貯金箱を割ってお金を数える！　どう見ても３３０円ほどしか入ってない！

さらに「あー、チョコ食べたいな～」と言う人がいると、カカオを穫りにいく！　カカオは高温多湿の熱帯でしか生育できず、生産国も北緯20度から南緯20度までの「カカオベルト」に集中している。生産量の多い国のなかで、日本にいちばん近いのはインドネシア。東京からの航空運賃は、最安値でも往復7万円ほど。しかも、カカオ豆からチョコを作るには、発酵、選別、ロースト……型抜きと、さまざまな工程が必要だ！

「温泉いきたいわ～」という声を聞くと、温泉を掘る！　コマの描写を見ると、少なくとも14ヵ所掘っている！　温泉の掘削深度は平均1千mなのだが、おぱんちゅうさぎが築いた残土を見ると、せいぜい数mの掘削。もちろんそれでも大変な作業だが、その程度では、１００掘っても２００掘っても、温泉は出ない……！

そして、優しさと不運が合体したのが、クリスマスのときに公開された13秒ほどの動画版。サンタクロースに扮したおぱんちゅうさぎは、プレゼントを抱えて煙突から侵入する。煙突のなかをヒューッと９秒も落ち続けると、なんと下では薪が燃え盛っていた！　手足を左右の壁に突っ張って、なんとか直前でストップするが、その後はどうなるの……!?

　これ、科学的に考えるとすごいことである。９秒間も落ち続けたということは、そのときおぱんちゅうさぎの落下速度は時速３２０㎞にも達していたはずで、手足を突っ張ることによって、このスピードを一瞬でゼロにしたわけだ。このときおぱんちゅうさぎが発揮したブレーキ力は、手足を突っ張ってから静止するまでに滑った距離によって決まる。仮にそれが１㎝だったとすると、体重の４万倍！　おぱんちゅうさぎの体重がイエウサギの標準に近い３㎏なら、発揮した力はなんとビックリ１２０ｔだ！　シンジラレナイ！

　実はそれほどすごい力を持っているおぱんちゅうさぎが、誰にも知られることなく煙突内でその人生を終えることのないよう切に願います。がんばれ、おぱんちゅうさぎ！

とっても気になるマンガとアニメの疑問

『文豪ストレイドッグス』で、中島敦は銃弾を歯で受け止めました。実際にできますか？

『文豪ストレイドッグス』を初めて読んだとき、筆者はモーレツに笑って、大喜びした。実在した文豪たちが、そのままの名前で登場し、作品や人となりに因んだ異能(特殊能力)で活躍する。たとえば、太宰治は『人間失格』で他人の能力を無効化する！　宮沢賢治は『雨ニモマケズ』で何物にも負けない怪力を発揮する！　与謝野晶子は『君死給勿』で瀕死の重傷者を治療する！　梶井基次郎は『檸檬爆弾』でレモン型の爆弾を使用する！　あまりにオモシロイので、『ジュニ空⑫』で一気に6人を検証した。

ところがこれで「やり切った感」に浸ってしまったのか、その後『ジュニ空』シリーズでは

『文スト』を採り上げてこなかった。なんてもったいないことをしたんだ、自分！

学校図書館の司書さんに話を聞くと、「『文スト』の影響で、文芸書を読む生徒が増えたんです」という声がとても多い。空想科学研究所のホームページにも『文スト』についての質問がどんどん届く。マンガを読み、アニメを見ると、話が進むにつれて、ますます盛り上がっている。「やり切った」なんてとんでもなかった。しかも『ジュニ空⑫』では、主人公の中島敦について、たった4行しか書いていない。それも、変身した虎の大きさについて言及しただけ。ひどい！ 自分の暗迷ぶりを深々と反省しながら、本稿ではあらためて、中島敦について考えてみたい。

◆中島敦のびっくり異能

『文スト』に登場する文豪たちは、作中では作家ではなく、危険な事件ばかりを扱う「武装探偵社」の社員、そしてその敵対勢力である。

物語は、孤児院を追い出されて行き場をなくした中島敦が、武装探偵社の太宰治、国木田独歩と出会い、街に出没する「人食い虎」の捕獲を手伝うことになる……というところから始まる。

孤児院で「この世から消え失せるがいい」と言われ続けてきた敦は、自分に自信が持てず「いっそ食われて死んだほうが――」などと思っていた。ところが、虎の正体は敦自身だった！ 彼は、虎に変身する異能『月下獣』を持っていたのだ（作家の中島敦の代表作『山月記』の「詩に没頭するあまり人間性を失って虎になった」という内容から来ている異能だと思う）。

そんな敦が、武装探偵社に入り、変わっていく。その活動のなかで、「人を救えば、僕は生きていてもいいってことにならないか」と前向きに考え、人々のためにその身を投げ出すようになる。福沢諭吉社長の異能『人上人不造』で、虎化の異能もコントロール可能になった。こうして敦は、武装探偵社にとって、なくてはならない存在に……。

とはいえ、敦が『文スト』で最強かというと、全然そんなことはない。まだまだ中堅。これを書いている時点でコミックスは第24巻まで出ているが、その真摯な姿勢が彼を強くしている真っ最中……という感じである。主人公の敦が本当に強くなるのは、たぶんこれからだ！

で、筆者としては、敦のさまざまな活躍のなかから、「銃弾を歯で止めた」というエピソードを検証したい。実はこれ、マンガでもアニメでも大きな流れのなかの1シーンで、ちょっと地味に感じられる。しかし筆者は、声を大にして言いたい。モーレツにスゴイ行為ですぞ、これは！

◆どれほどスゴイか知ってほしい

ここでは、動きのよくわかるアニメをもとに検証しよう。敦が歯で銃弾を受け止めたのは、

「死の家の鼠」の構成員を追って、国木田独歩とともにトンネルに飛び込んだときだった。

　彼は「一本道のトンネル……、ならば虎の速さで追いつける！」と判断するや、手足を虎に変えて、一気に走り出す。だが、国木田独歩が「待て、敦！」。次の瞬間、目前に銃弾が迫っていた！　そのまま顔面に命中……と思われたが、敦は歯で銃弾をくわえていた！　よかった！　と思ったら、前方には子ども5人が機関銃を構えていて、ダダダダと撃ってくる！　それをなんとか防ぐと今度は……と、緊迫の場面が続いてしまうので、「銃弾を歯で止めた？　ああ、そうですね」くらいの印象になってしまうのだ。いやいやいや、これは本当にスゴイ行為なのです。

　何がスゴイって、銃弾に気づいたときの距離である。画面で見る限り、顔面まで10㎝ほどしかない！　銃弾の速度が、標準的な秒速400mとすれば、当たるまで0・00025秒！　いや、敦は虎の速さで走っていたのだ。虎の走る速度は時速64㎞＝秒速18mという測定値があるから、これと同じなら、敦にとって銃弾は秒速418mで飛んできたことになる。当たるまで、たったの0・00024秒！

　そしてアニメの描写を仔細に見ると、顔から4㎝の距離に迫るまで、敦は頭も動かさず、口も開けていない。これはおそらく、銃弾が6㎝進むあいだは、気づいても反応できなかったということだろう。人間も、何かの刺激に反応するまで0・1秒かかるから、きわめて自然である。

あ。いや、ぜんぜん自然ではありませんでした。敦から見て秒速４１８ｍの銃弾は、６㎝進むのに０・０００１４秒しかかからない。アタマが『文スト』化して自然に思えてしまったが、この時間で行動を起こしたなら、敦の反応速度は人間の７００倍ということだ！

しかも銃弾は、敦の口より１㎝ほど高い軌道で迫っている。これを口で捉えるには頭を上に１㎝動かさねばならない。銃弾は顔まで４㎝に迫っているのだから、命中までの０・００００９６秒間に顔を１㎝上に動かさねばならず、これに必要な最大スピードは時速７５０㎞。

人間とは、そんな速度でアタマを動かして大丈夫なものだろうか。このとき敦の脳が受けた衝撃は、自重の44万倍＝44万Ｇ。人間は10Ｇの力を受けると失神するといわれるから、彼の脳の耐衝撃力は人間の４万４千倍だ！

そして何よりムズカシイのは、止め方である。銃弾を歯で止めるには、銃弾が歯のあいだを通過する瞬間に、上下からはさむしかない。アニメで測ると、銃弾の長さは３㎝ほど。敦から見て秒速４１８ｍで飛んでくるコレが、歯のあいだを通過する時間は０・０００００７２秒しかない。少しでも早ければ歯を撃ち砕かれるし、遅ければノドを撃ち貫かれる。

よって、タイミングをモーレツに見極めて歯ではさみ、銃弾と歯のあいだに働く摩擦力でブレーキをかけて、止めることになる。銃弾の重さが10ｇで、２㎝滑らせて止めるとしたら、４・４

tという大きなブレーキ力が必要だ。このとき強く嚙みすぎると、柔らかい鉛でできている弾丸はちぎれて、ノドに当たるかもしれず……という調子で、もう心配はいくらでもある。

　あまりのビックリ行為で、埋もれてしまうのは残念なので、あえてこの題材を採り上げさせていただいた。それにしても、こんなモノが地味に感じられるって、いやぁ、本当にすごいな『文豪ストレイドッグス』の世界。これからも、積極的に考察させてもらいたい。

とっても気になるマンガの疑問

『人造人間100』のNo.100は、ドレス姿の貴婦人だけど、パワーがすごい。どれほど強いか計算してください！

雑誌で連載されたマンガが人気となり、アニメ化されると、さらに人気が出る。コンテンツの成功パターンの一つであり、『ジュニ空』シリーズでも、その流れで広く知られるようになった作品をたくさん扱ってきた。

それでいえば、ここで紹介する『人造人間100』は、成功作ではないのかもしれない。「週刊少年ジャンプ」での連載は10カ月ほどだった。コミックスは全5巻で完結し、作者は後書きに「もっとこのキャラのこの話を描きたかったなーというのが沢山あったのですが、実力不足でここまでしか描けず…」と無念さを綴っていた。

だが『人造人間100』は、まぎれもない傑作である。雑誌連載がなぜ36回しか続かなかったのか、事情は筆者には窺い知れないが、テーマは深く、キャラは魅力的で、面白いエピソードも多かった。何よりも、まったく価値観がブレない物語だった。

ある博士が「理想の人間」を目指して、人造人間を作った。理想に程遠いものしか生まれなかったため、博士は何体も作り続けた。そして100体目の人造人間ができた日、博士は死んだ。

これが『人造人間100』の根底を成す設定だ。物語のすべてはここから始まり、ここへ何度も返ってくる。物語が進めば進むほど、この序章の意味が明らかになっていく構成で、それだけでもすごいマンガである。

「人造人間」という題材だけに、かなり凄惨なシーンも出てくるが、機会があったら本書の読者にはぜひ読んでほしい。本稿では、筆者おススメの『人造人間100』に登場する魅惑のキャラ・№100のすごい能力を考察してみたい。

◆人造人間のひどい行為

100体の人造人間は、新しく作られた者ほど理想に近く、能力も高い。だが、一人として「理想の人間」はいない。博士が死んでしまうと、人造人間たちは理想の肉体を求めて、人間たちを襲い始めた。それは、こんなひどい方法によってだ。

恋人と急行列車に乗って、車窓から景色を見ていた女性が、少年が列車を追いかけて走っているのに気づく。そこは300mも離れたところだったが、女性はとても目がよかったのだ。ところが女性が「この子なんだかだんだん——この列車に追いついてきてる」と驚いたときには、窓の外に黒い人影が走っていた！　そいつは、窓から腕を差し入れ、女性を外に引きずり出す。無惨なことに、彼女は次の日、両目をくり抜かれた遺体となって発見された……！

女性をさらい、目を奪ったのは、人造人間№12だった。彼は足が速いという能力を持っていたが、さらに理想の肉体を求め、この女性の「目のよさ」を狙ったのだ。人造人間は、優れた能力を持つ人間のパーツを奪い、自分の体に移植するのである！

しかもこの凄惨な方法は、個々の人造人間たちの意思によるものではない。彼らを作った博士の「理想の人間」を求める心は、人造人間たちに引き継がれ、彼らは優れた能力を持つ人間に出会うと、それを奪うという選択しかできないのだ。ある人造人間は「博士亡き今私達には〝理想の人間〟が何だったのか分からない」「私達は死ぬまで一生答えのないものを追い求めるんだ」と、とても悲しいことを言っていた。

そんな人造人間たちに、家族を惨殺されたのが、主人公の八百あしびである。彼の家系の人々にはズバ抜けた不老長寿の力があったため、人造人間たちに狙われてしまった。

ただ一人生き残った14歳のあしびは、その場にいた人造人間No.100と契約を交わす。それは「18歳になったら自分の肉体を渡すから、それまでに他の人造人間を殺してほしい」というものだった。残された短い人生を、人造人間を倒すために費やす、と決意したのだ。

こうしてあしびとNo.100はバディ関係になる。No.100は数年後に必ず自分を殺すことになる人造人間だが、あしびは恐れない。また、ある人は彼に「復讐のために人造人間を倒しても、殺された被害者が生き返るわけではない」という忠告をする。だが、あしびは「自分が受けた痛みを他の人が被らないよう努力すること　それは自分の受けた痛みを癒す力がある」と信じて、No.100といっしょに戦っていく。あしびのこの熱い思いも、マンガに繰り返し登場する。

◆すごすぎるNo.100の能力！

おススメのあまり、重々しく内容紹介を書いてしまったが、空想科学的な本題はここからだ。

人造人間No.100は、とても魅力的なキャラである。背が高く、赤い瞳の貴婦人。クラシカルなドレスを身にまとい、首のリボンの下には巨大な縫い目がある。最後に作られた人造人間だけに、最強の能力を持っていて、それがメチャクチャすごい。すごすぎて計算ができないほどだ。

たとえば、湖に潜む人造人間を捜して、あしびとNo.100がボートに乗っていたとき。あしびがメモを取っていると、No.100は「船酔いするから あとにしろ！」と彼の万年筆を奪い取り、力余って「バキッ」と握りつぶした。驚くべきは、それだけではない。次の瞬間、万年筆は「サラ…」と崩れ去ってしまった。あしびが「人間の道具触る時は テンション上げないでって いつも言ってるじゃん!!」と怒っていたから、コーフンするたびに、こんな破壊行為をやらかしていたのだろう。

この破壊力の計算は、筆者の手に余る。あしびは「原型をとどめてないどころか 塵になってるし…」とアキレていた。それがクラシカルな万年筆だったとしたら、その軸（握る部分）はエボナイトでできていたと思われる。エボナイトは、天然ゴムに硫黄を混ぜたもので、強度は機動隊の盾にも使われるポリカーボネートに匹敵する。それを破壊したばかりか、塵に！ 砕けて粉末化する素材は、ガラスや陶器のように硬いけれど脆い物質で、ゴムはヒジョ〜に塵になりにくい気がするんだけど……。筆者に算出できるのは「万年筆の軸が直径2㎝、厚さが2㎜なら、つぶすための力は4t」というところまでで、塵にする力は、筆者のチカラでは計算できません。

また、このシーンの直後、ボート上のあしびが、人造人間によって湖に引きずり込まれてしまう。この状況下、No.100が船上から両手で水面を叩くと、湖面が一直線に裂けた！

これまたすごい現象である。通常、水面に衝撃を与えると、波が同心円状に広がっていく。おそらくそうなる前の瞬間的な現象だろうが、いったいどれほどのスピードでそれが起こったのか、想像もできない。すみません、筆者には解析不能です。

さらに、あしびを襲った人造人間の脳天にチョップを見舞い、頭部を一刀両断していたが、これもどう検証していいのやら。

◆No.100がデコピンすると!?

うーむ。検証したいのに、す

ごすぎて取りつく島もない№１００の怪力である。あまりに残念なので、コミックスを懸命に探すと、おお、屋敷に立てこもった人造人間と戦うシーンにすごいのを発見しましたぞ。

人造人間が窓から銃撃してきたのに対して、№１００は小石を指で弾いて飛ばす。小石は一直線に飛んでいって、屋敷の窓際にいた人造人間に命中。その目をツブした。

屋敷の窓まで、距離１００ｍはありそうだった。どんなに速く飛ぶものも重力に引かれて少しは落下するから、小石が１００ｍ飛ぶあいだに10㎝落下したとすれば、そのスピードは秒速７００ｍ＝時速２５２０㎞＝マッハ２・１。あしびは「小石って弾丸になるんだあ」と驚いていたが、まさにライフル弾の速度である。小石の直径を３㎝とするなら、№１００の指の力は95ｔだ！

これに付随して、コミックス第２巻の余白ページに「人造人間最強の小石はじき」と題する№１００のイラストが載っており、あしびが「デコピンしたらどーなるんや」と言っていた。彼の疑問にお応えして計算すると、直径41㎝、重量97㎏の岩が、木っ端微塵に砕けます〜。

これほどすごい№１００とあしびは、その後どうなってしまうのか、気になる結末はぜひ『人造人間１００』を読んで確認しよう。悲しいけれど、ナットクできる結末だと思います。でも、筆者も作者と同じで、このキャラたちの活躍をもっといっぱい読みたかった……！

とっても気になる科学の疑問

ライデンフロスト現象とは何でしょうか。科学で使う「カッコイイ名前の現象」を教えてください。

「フェーン現象」や「エルニーニョ現象」「ヒートアイランド現象」といった言葉を聞いたことがあるだろう。フェーン現象は、風が山を越えると温度が高くなる現象。エルニーニョ現象は、太平洋の赤道付近の海水温が、平年より西で低く、東で高くなる現象(その逆はラニーニャ現象)。ヒートアイランド現象は、郊外よりも都市部が暑くなる現象だ。

これらの言葉を耳にする機会が増えたのは、地球温暖化の影響もあって暑い日が増えてきたからだろう。筆者が子どもの頃は、まだ温暖化が騒がれず、これらの言葉もあまり聞かなかった。

実は、科学には「名前のついた現象や法則」が数多く存在する。それらが耳に届かないのは、多くが専門的な用語で、世のなかの話題になることが少ないからだ。

だが、意外とカッコイイ言葉も多いし、また「こんなことに名前がついてるの!?」と驚くようなものもある。本稿では、筆者お気に入りのステキな科学(心理学なども含む)の言葉のうち、わかりやすいものをいろいろ紹介してみたい。

◆身近で起こる現象の名前

熱したフライパンに、小さじ1杯ほどの水を落とすと、丸い水滴に分かれて、フライパンの上を走り回る。これには「ライデンフロスト現象」という名前がついている。水滴は、フライパンに触れると蒸発して水蒸気の圧力で持ち上がる。するとフライパンから離れるので、蒸発は遅くなる。同時に水滴とフライパンのあいだに摩擦がなくなるので、右へ左へと長いあいだ走り回るのだ。よく似た現象で、ハスやサトイモの葉の上を水滴が転がるのが「ロータス効果」。表面張力で丸くなった水滴が、葉の細い毛に弾かれるために起こる。

また、真水の入ったコップにガムシロップをトロトロ~ッと入れたり、お湯を入れたコップに氷を浮かべたりすると、もやもやした影が見える。これは「シュリーレン現象」という名前。水もガムシロップも、お湯も氷も透明だけど、それぞれ光の屈折率が違い、それらが混ざり合うために、ゆらいで見えるのだ。夏の暑い日に、アスファルトの道路がもやもやと揺れて見えるのも同じ理由。空気の温度が上がり、光の屈折率が変わってくることが原因だ。

雲の隙間から、光の筋が見えることがあり、とても美しい。これを宮沢賢治は「光でできたパイプオルガン」とロマンチックに呼んだけど、科学的な名前は「チンダル現象」だ。空気中のチリやホコリが光を反射することによって、光の通り道がハッキリとわかる現象で、物理学者ジョン・ティンダルによって発見された(なので「ティンダル現象」と呼んでも間違いではない)。

また、牛乳を温めると膜が張るのは「ラムスデン現象」。これが起こるのは、加熱によって、牛乳の空気に触れている部分から水分が蒸発するため。豆乳でも同じ現象が起こるけど、豆乳の膜は「湯葉」という伝統食材になります。牛乳としては、ちょっと不服かもしれない。

◆アニメに使われたネーミング

現象や法則には、カッコイイ名前のものもある。

たとえば「ブロッケン現象」。これは、飛行機の窓から下を見たとき、雲に映った飛行機の影のまわりに虹のような光の輪が見える現象だ。山の霧に人の影が映るときにも起こり、ドイツのブロッケン山でよく見られることから、この名がついた。幻想的な現象だからか、筆者の好きなアニメ『マジンガーＺ』の敵の幹部の名前が「ブロッケン伯爵」だった。ブロッケン伯爵は、自分の首を自在に着脱できるブキミな人だったケド……。

また、近づいてくる救急車のサイレンが高く聞こえ、遠ざかると低く聞こえるのが「ドップラー効果」だ。松本零士先生原作のアニメ『惑星ロボ ダンガードＡ』で、主人公たちと対立する組織のボスの名前が「ドップラー総統」だった。エラソーなヤツだった。

アニメに名前は使われていない（と思う）が、「ベルクマンの法則」というものもある。北極に暮らすホッキョクグマの体長が２〜３ｍなのに対して、熱帯に棲むマレーグマの大きさはその半分くらい……というように、寒冷地の動物は体が大きく、暖かい地域の動物は小さい。この傾向が、ベルクマンの法則。体が大きいほうが、体内で作り出した熱を外に逃がしにくいため（作る熱は体積に比例し、放出する熱は表面積に比例するから）、寒冷地でも暖かく過ごせるのだ。

同じく、寒い地域に暮らす動物ほど、耳や尻尾などが短くなる傾向を「アレンの法則」という。ホッキョクギツネの耳はとても小さいが、サハラ砂漠に棲むフェネックの耳はとても大きい。これも、短いほうが熱の放出量が少なくて済むからだ。

ベルクマンやアレンの名前を使ったキャラも、そのうち登場するのではないだろうか。たとえば、体の大きい兄と、小さな弟の「ベルクマン兄弟」とか、キツネのような短い耳の姉と、ウサギのように長い耳の妹の「アレン姉妹」とか……。

◆人間の感覚や心理の言葉

同じ文字をたくさん書いたり、じっと見続けていたりすると、文字ではなく、単なる模様のように見えてくることがある。これを「ゲシュタルト崩壊」という。文字や記号の意味がわからなくなってしまうのだ。たとえば「ね」という字をたくさん並べて、じっと見てみよう。

　ねね
ねねね
ねねね
ねねね
ねねね

うわーん、筆者も目がおかしくなってきたー。

また、人間の心理に関する現象に「プラシーボ効果」というものがある。ニセの薬を飲んでも、薬だと信じると、実際に症状が改善することがあり、それを指す。これによる混乱を避けるために、新しい薬の試験では、ある人には本物の薬を飲ませ、別の人にはニセの薬を飲ませ、効果を測定する。何に効く薬かは告げられず、また薬を飲んだ人も、効果を測定する人も、本物かニセモノかは知らないまま実験が行われる。

さらに興味深いのが「ピグマリオン効果」だ。先生が期待しているのがわかると、生徒の成績が上がったりすることで、これはスバラシイ心理現象ですなあ。反対に、先生が期待してないことが伝わると、生徒の成績が下がることもあって、それは「ゴーレム効果」と呼ばれる。これは絶対に避けていただきたい！

「ザイオンス効果」は、同じ人に何度も何度も接すると愛着を感じるようになる心理のこと。テレビ番組やCM、YouTubeなどで頻繁に見かける人に対しては、人間は好感を抱いてしまうのだ。だったら筆者も、毎日毎日『ジュニ空』の新刊を発売すれば、もっと愛されるヒトになるんですかなあ。さすがにムリかなあ。

◆アレにもコレにも名前がある

こんな現象にも名前がついてんの!?と驚くものがある。

たとえば、壁の染みが人の顔に見えたり、雲の形が動物に見えたり、月の模様がウサギに見えたりするのは「パレイドリア現象」。お化けはこれで説明できると主張する科学者もいるけど、

筆者としてもぜひそうあってほしいです。コワイから実在してほしくない。

このパレイドリア現象の一種で、三つの点が集まったものが人の顔に見えてしまうのが「シミュラクラ現象」。マンホールのフタの模様や、自動車のライトやバンパーが顔みたいに見えたら「ううっ、オレにはいまシミュラクラ現象が起こっている！」と言おう。

「見てはいけない」「あけてはいけない」と言われると、見たりあけたりしたくなるのが「カリギュラ効果」。昔話『浦島太郎』で、太郎が乙姫さまから「絶対にあけるな」と言われていた玉手箱をあけてしまったのは、この心理によるものだ。

「何かについて考えてはいけない」と言われたり、自分で思ったりすると、逆にそのことばかり考えてしまうのが「シロクマ効果」。これを研究した心理学者が、実験の参加者に「シロクマのことを考えてはいけません」と言ったのが由来だ。

同じ歌が頭のなかを回り続けるのは「イヤーワーム」。直訳すれば「耳の虫」。

寒いときにガタガタ震えてしまうのは「シバリング」で、冷えた体が筋肉を動かして熱を発生させ、体温を保とうとする生理現象。

また、寝る前に体がビクッとなることがあると思うけど、これを「ジャーキング現象」という。ホント何にでも名前がありますな〜。

こうなるともう、名前がないほうが不思議である。たとえば、原稿の締め切りが近いのに、なかなか仕事に取りかからなかったり、そういうときについ読んだマンガがめちゃくちゃ面白く感じられたり、そろそろ仕事すっかなーと思ったタイミングで「早く仕事してください」と言われてやる気をなくしたり……といった現象には名前はないのだろうか？　なければぜひ誰かネーミングを……、えっ、ダメダメリカオ現象!?　うえーん、それはちょっとー。

とっても気になる特撮の疑問

『王様戦隊キングオージャー』で、ヒメノ・ランは1000メガトン級の花火を打ち上げました。それ、どんな花火？

いやあ、オモシロイ。筆者はこの番組、大好き！

スーパー戦隊シリーズ第47作『王様戦隊キングオージャー』である。物語の舞台はチキュー。2千年前、5人の英雄と5体の守護神が地帝国バグナラクを倒し、それ以来チキューは5つの国に分かれて暮らしてきた。ところがバグナラクがよみがえり、人間を皆殺しにしようとする……というところから、壮大な物語が始まる。

注目したいのは、番組のキャッチコピー「5人の王様　組めたら無敵!!」で、これがズバリ内容を表している。メンバーは全員が王か女王であり、それぞれが国を治めているため、自分たちの国と国民がいちばん大切。５つの国は「五国同盟」を結んでいるが、本来は覇権を争う相手同士でもあり、足並みが揃わないことも多い。だから、なかなかいっしょに戦えないんだけど、組めたら無敵!!というわけだ。

そういうちょっと変わった戦隊だから、５人が揃うのにも時間がかかった。序盤は、主人公のギラが各国を訪れて、それぞれの王たちの考えを理解していく……という構成で、５人が揃ったのは第５話。初めて一致団結して「王様戦隊」と名乗りを上げたのは第11話、正式なチーム「王様戦隊キングオージャー」が結成されたのは、なんと第19話である。

そして、驚いたことに、永遠の敵と思われたバグナラクとの激しい戦いは、第26話で終結し、チキュー６つ目の王国「狭間の国バグナラク」が誕生する。人々はそれに拍手も祝福もしなかったが、それでも人類とバグナラクは、共存の道を模索し始めたのだ……。

というココロ揺さぶられる話を経た第27話、さらなるビックリが待っていた！

◆なんと監獄にブチ込まれていた！

６つの国になったチキューは、平穏を取り戻した。そして２年後……というところから、第27話は始まるのだ。物語の途中で、いきなり２年経っちゃうスーパー戦隊シリーズも珍しいだろう。

チキューに襲来したのは、超強力な宇蟲王ダグデド。いまこそ6人は一致団結し、王様戦隊キングオージャーとして迎え撃たなければ……と思ったら、ややっ、4人の姿がない。主人公・ギラと、バグナラクの王に就いたジェラミー以外の王たちは、なんと監獄に入れられていたのだ！

その罪状は、第27話のラストに、判決文の形で示された。

◎ヤンマ・ガスト(テクノロジーの国「ンコソパ」の総長)
「ウルトラPC『天上天下唯我独尊』開発のため全世界の電力を独占した罪」

◎ヒメノ・ラン(芸術と医療の国「イシャバーナ」の女王)
「1000メガトン級の花火を打ち上げ各国に飛び火」

◎カグラギ・ディボウスキ(農業の国「トウフ」の殿様)
「埋め込み型耕し機『ありぢごく』が対人間用とみなされ捕縛」

◎リタ・カニスカ(氷雪の国「ゴッカン」の王様)
「強制的な休息のため自ら服役」

わははは、なんだこれらのスットコドッコイな罪状は!?

4人のうち、リタは国際裁判所の裁判長も兼務しているから、他の3人に判決を下し、服役させたのも彼女だろう。だが、3人が共闘してきた仲間でもあるため、自分も服役したのだと思われる。リタとは、そういう人なのだ。

そして、ヤンマがPC開発のために電力を独占したのも、ヒメノがでっかい花火を打ち上げたのも、カグラギがすごい耕し機を開発したのも、これまでの物語を見ていると、とってもナットクできる。冒頭に書いたように、みんな自分の国と国民がいちばん大事だから、そのためにいろいろしでかしたに違いない。

そして、ここで具体的に考えてみたいのが、芸術と医療の国イシャバーナの女王ヒメノ・ランが犯した「1000メガトン級の花火を打ち上げ各国に飛び火」という罪である。

◆どんな女王さまなのか？

ヒメノは美しいものが大好きで、国じゅうに花を植え、ほしいものは手段を選ばず手に入れる。一晩でお花畑を作らせて、その手前の民家がジャマだと言って、住民を追い出して爆破した！

一方で彼女は、優秀な医師でもある。貧しい仕立て屋が「ヒメノに治療してもらったのに、娘の足が治らない」と文句を言ってくると、ヒメノは嘘と知りながら援助金を渡す。国がバグナラクに襲われ、その少女に砲弾が当たりそうになると、かばって泥水を浴びる。「お召し物が！」と慌てる少女に「こんなの新しく作ればいい。でも、あなたはそうはいかないでしょう」。そして、医者として「あなたは歩ける」と励ます。

バグナラクを撃退後、ヒメノは、娘の父親に汚れたドレスの仕立て直しを依頼する。家を爆破したのもかなり傷んでいたからで、住民に建て替え費用を渡していた。実はとっても優しい女王なのである。

だからといって、1千メガトン(以下Mtと表記)級の花火を打ち上げるのは、いかがなものか。

1954年にアメリカがビキニ環礁で行った水爆実験でも15Mt、61年にソ連(現在のロシア)が行った史上最大の水爆実験でさえ50Mtだったのだ。それなのに1千Mtですと!?

「Mt」とは核兵器の威力を表す単位で、1Mtは「TNT爆薬(通常兵器に使われる爆薬)100万t分のエネルギー」。すると1千Mtとは、100万×1千=10億t分だ。

◆罪に問われた理由を考える

それは、いったいどんな花火だろうか。

花火に使われる黒色火薬は、同じ重さあたりTNT爆薬の70%のエネルギーを出す。ここから考えると、使用された黒色火薬は14億tということになる。

また、打ち上げ花火で最大級の「三尺玉」は、直径3尺=90・9㎝の筒から打ち上げ、花火自体の直径はその95％の86㎝だ。重量は300kgで、爆発を起こすための黒色火薬（「割り薬」という）は80kg。残りは、外殻の紙、色を出すための金属や木炭の粉末（「星」という）、そして、これらを燃やす酸化剤の重さだ。

これと同じ比率なら、14億tの黒色火薬を含む打ち上げ花火とは、全重量49億t、直径2・2km。打ち上げる前の「玉」の直径が、東京スカイツリー（634m）の3倍を超える。

こんなモノが炸裂したら、夜空には驚異の光景が広がるだろう。三尺玉は、高度600mで爆発し、直径550mに広がるが、ここから考えると1千Mt花火は、高度1530kmで、直径1400kmに広がるハズ！　高度100km以上を「宇宙」というから、もう完全なる宇宙である。花火には酸化剤が含まれるので爆発はするが、空気がないから、ドーンという音も聞こえない。

チキューが地球と同じ大きさなら、全景は2700km離れたところから見え、4800km離れたところからも花火の一部が見えるだろう。東京を起点に考えれば、北京までの距離が2100km、バンコクまでが4600kmだから、それらの場所からも見えるのだ。

とはいえ、大きい花火だからといって、それ自体が罪になるわけではないだろう。筆者が思うに、大変なのは花火そのものではなく、それを打ち上げること！

300kgの三尺玉を高度600mまで打ち上げるには、15kgの黒色火薬を使う。では、49億t

の1千Mt花火を高度1530㎞まで打ち上げるには……と思って計算したところ、なんとビックリ、650億tの火薬が必要だ。これ、核爆発の威力に直すと1万3千Mt！
こんな爆発を地上で起こしたら、半径34㎞（東京－横浜の距離）の巨大クレーターが発生し、爆風で半径130㎞以内の建物が全壊し、打ち上げの爆発音で半径830㎞以内の人が失神する。女王さま、こんな花火の打ち上げをやらかしたら、収監されても仕方がないと思います〜。

とっても気になるマンガの疑問

『幼稚園WARS』のリタは、スコップでライフルの弾丸を止めたけど、そんなコト可能？

『ジュニア空想科学読本』でどんな題材を取り上げるかは、だいたい空想科学研究所の所長が決めるんだけど、いつもは「面白くて科学的に気になる作品なら、何でもアリだー！」と言っている所長が、このたびの『幼稚園ＷＡＲＳ』には難色を示した。「幼稚園の楽しい話かと思ってマンガを読んだら、めっちゃ人が死ぬ……」と暗い目になっている。

あ。いや、所長。お気持ちはわからんでもないが、タイトルは『幼稚園ＷＡＲＳ』だし、コミックスの表紙の絵は、主人公のリタがピストルを構えている姿だし、そのうえ薬莢が何発も舞っていて、拳銃ごっこじゃないことも一目瞭然。それで「幼稚園の楽しい話」と思いますか!?

そもそもこの作品は「落差の大きさ」が魅力なのだ。舞台の幼稚園は、政治家や世界企業の社長や石油王など、狙われやすい大物たちの子どもが通う「ブラック幼稚園」。殺し屋たちが、子どもの命を狙って毎日のように襲ってくる！

リタはその幼稚園の「たんぽぽ組」の先生だが、その正体は、かつて「魔女」と呼ばれた伝説の殺し屋＝囚人番号９９９！　この幼稚園の先生たちは、全員がリタのような「腕の立つ犯罪者」であり、政府と「子どもたちを1年間守り抜けば、自由の身になれる」という極秘の契約を交わして働いているのだ。結果的に、ここは「世界一安全な幼稚園」になっている。イメージと実態の差が大きくて、実にオモシロイではないですか。

そしてもう一つ、筆者がヒジョ～に興味を惹かれるのは、リタのズバ抜けた戦闘能力だ。殺し屋が襲撃してきても「お遊戯の時間です」と涼しい顔で返り討ちにするため、園児たちは襲われたことにすら気づかない。しかも、応戦に用いるのが、スコップやハサミや三輪車など、幼稚園の備品だったりする。どんな技術と体力なのか、もう気になって仕方ありません！

というわけで、これはまさに「面白くて科学的に気になる作品」なので、ぜひとも本書で取り上げさせていただきたい。所長が言うように、確かに作中では人がどんどんどんどん死ぬんだけど、だからといって『幼稚園ＷＡＲＳ』は決して粗雑なマンガではありませんぞ。

◆殺し屋にはイケメンが多い

襲ってくる殺し屋との攻防が多く、作中には殺伐としたシーンも出てくるが、この作品にはそれを上回る魅力がいっぱいある。たとえば、主人公・リタの天然キャラっぷりだ。彼女は凄腕の殺し屋だが、同時にモーレツな「イケメン好き」である。1年間の任務を終えて自由になったら、イケメンと交際するのを夢見ている。そのためのチャンスは常に窺っていて、殺し屋がやってきたら、何はさておきイケメンかどうかを確認する。

そして、殺し屋がイケメンだったら、捕まえて尋問するときも、もじもじしながら「彼女、いますか？」と聞いてしまう。このときの答えが「いる」だったら、迷わず殺すが、「いない」というウレシイ返事だったら、歓喜にむせびつつ、ただちに自分との相性を確かめる質問に移る。「たまご焼きは何派？（調味料が砂糖か、出汁か、醤油か？）」「タイ焼きは？（粒餡か、こし餡か？）」「映画のエンドロールは？（最後まで見るか、見ないで帰るか？）」など、とっても細かい質問を繰り出し、自分が許容できない返事だったら、ただちに拳銃で「どーん！」と近距離射撃！　わははは！

現実的に、殺し屋がイケメンである割合がどれほどか、ネットで検索しても出てこないが（まあ当然か）、リタが理想の相手に巡り会える可能性はどれほどだろうか？　仮に殺し屋のイケメン率が50％で、質問一つに対して相性が合う確率も50％、出題が5問だったとしたら、すべてをクリアできる確率は、２×２×２×２×２＝64分の1、わずか1・5625％だ。

実際、マンガのなかでも、殺し屋が11人で襲ってきて、その全員がリタ好みのイケメンだったにもかかわらず、リタは戦いながら次々に質問を投げかけ、「好きな動物は⁉」「ミミズ‼」⇩射殺、「好きなスポーツは⁉」「ひざの屈伸‼」⇩射殺、「好きな寿司は⁉」「シャリ‼」⇩射殺、「好きな飲み物は⁉」「雨水‼!」⇩射殺……を繰り返して、あっという間にイケメン殺し屋11人を全滅させていた。

う〜ん、こうやって紹介すると、所長が心配するとおり、いっぱい人が死にますなあ。でも、それよりも「こんなコトやってたら、リタが幸せをつかむ日は遠いだろうに！」という笑える印象のほうが強くて、それがとっても楽しいんだけど。

◆スコップで弾丸を防げるか？

科学的に何より気になるのは、殺し屋の襲撃にリタがどう対処するか、だ。普段は園児たちの世話をしているから、強力な武器も持っていないし、防具を身に着けたりもしていない。当然、幼稚園にあるものを使って対応、反撃することになる。

その典型的な例が、第1話で使用された「スコップ」だ。幼稚園に近い廃ビルの屋上から、プロの殺し屋・スペードが、狙撃銃で園児を狙う。スコープ越しに、園児と遊んでいるリタの顔も確認したスペードは「……教員も　どう見ても普通…」「何が世界一安全だ…」「ったく…」と甘く見て、自信たっぷりに引き金を引く。——が、その銃弾は、リタにスコップで防がれた！

殺し屋は一瞬「…偶然か？」と思うが、リタがこちらを見ているのに気づいて驚愕。あわてて逃走しようとするが、ビルを出る前にリタにつかまってしまい、前述のような悲惨な尋問に至る。

それにしても、リタはどうやって、弾丸をスコップで防いだのか？　マンガのコマをよく見ると、リタが右手に持ったスコップから、ライフルの銃弾が「ポロ…」と落ちている。弾丸をスコップで弾き飛ばしたのではなく、スコップで受け止めることで、弾丸のスピードを殺してその場に落としたということだ。園内で弾き飛ばしたりすると、子どもたちに当たるかもしれないから、リタはこの方法を選んだのだろう。さすがの判断である。

とはいえ、そんなことができるのか？　リタのスコップに似た園芸用のものを買って、厚さを測ると1・2㎜だった。車のボディに使われる鉄板が厚さ0・6㎜だから、ちょうどその2倍。板状の物体の強度は「厚さ×厚さ」に比例するから、強度は4倍あることになる。

ところが、ライフル弾の威力はモーレツにすごい。狙撃にも使われる「5・56㎜×45㎜　F

MJライフル」の銃弾は、重量4g、初速は秒速960m＝マッハ2・8。350m離れた厚さ9・5㎜の鉄板を撃ち抜くという！　つまり、普通にスコップで受けたのでは、弾丸はスコップを貫通して、狙いどおり園児に当たってしまうのだ。

◆速度差ゼロの超絶テクニック

　では、リタはどんなテクニックを使って、弾丸を防いだのだろう？　ここから先は筆者の推測になるが、たぶんリタは次のように考え、実践したに違いない。

　キャッチボールでうまく球を捕るコツは、グローブを手前に引きながら受けることだ。それによって、グローブとボールの速度差が小さくなり、衝撃も少なくなるからだ。同じようにリタもスコップを引きながら、弾丸を受け止めたと思われる。

　厚さ1・2㎜の鉄板は、銃弾を受けるときのように一点に力がかかったとき、300㎏の衝撃力に耐える。前述のとおり、重量4gのライフル弾は秒速960m＝マッハ2・8で飛んでくる。これを受けながら、衝撃力を300㎏以下に抑えるには、スコップを63㎝引けばよい。筆者が自分の体と比較したところ、マンガのような状況下（リタは園児を抱きかかえる体勢でしゃがんでいた）で、身長156㎝のリタがスコップを動かせる距離は73㎝だ。腕を目いっぱい伸ばせば、10㎝の余裕がある。

　このとき注意すべきは、銃弾がスコップに当たった瞬間から、両者の速度差はゼロでなければならないことだ。少しでも速度差があったら、銃弾は弾き飛ばされ、他の園児に当たるかもしれない。リタは銃弾とピッタリ同じ速度でスコップを動かしながらブレーキをかけて、銃弾の速度をマッハ２・８からゼロにしたに違いない。

　これは大変なことである。リタの行為を具体的に記すと、まず腕を73㎝（リタにとっての目いっぱい）伸ばした状態から、スコップを10㎝引くあいだに、スコップのスピードを秒速９６０ｍに加速させる。その瞬間に、同じ速度で飛んでくる銃弾を受け、そこからブレーキをかけつつ63㎝引きながら、銃弾とスコップの速度をゼロにする。すると、作中のように弾丸はポロ…と落ちるハズ。だが、銃弾を受けてからポロ…まで、時間は０・００１３秒しかない！　信じがたい神ワザだが、さすが一流の殺し屋は、人も殺すが、銃弾の速度も見事に殺すのですなあ！

　そんなダジャレを言いたくなるほど、『幼稚園ＷＡＲＳ』のリタの行為はすごい。イケメンに目のない殺し屋が、それをさらりとやってのけるのだ。最初のほうに「この作品は落差の大きさが魅力」と筆者が書いた理由をわかっていただけたと思う。

　そして、リタや仲間たちの行為はこれ以外にも、すごいのが続々出てくる。刀を工作用のハサ

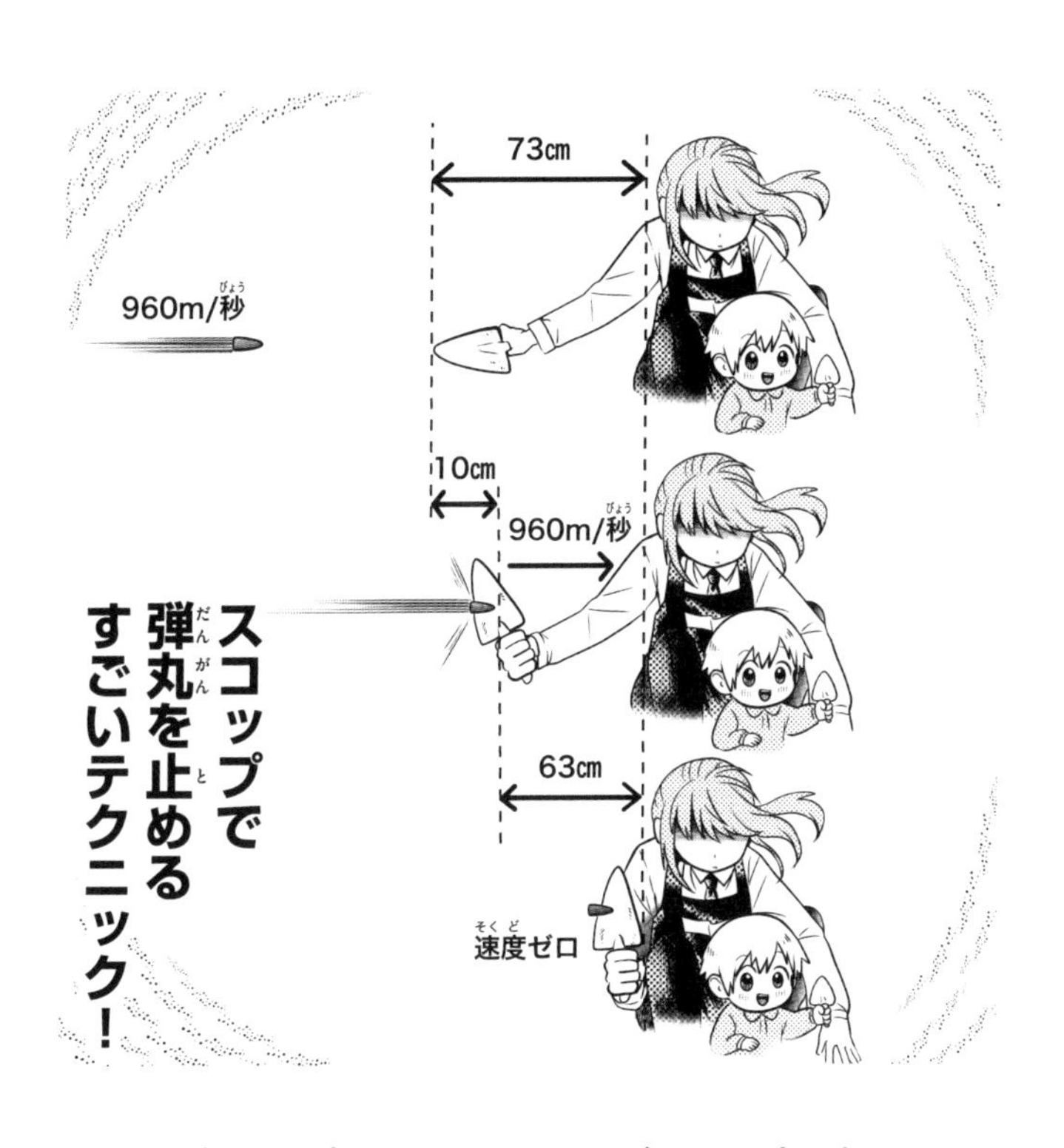

ミで受け止めたり、手榴弾をバットで打ち返してヘリコプターを爆破したり、さらには、金魚すくいの「ポイ」で、ピストルの弾丸を受け止め、撃ち返したり……！　殺し屋たちはどんどん死ぬけど、同時にビックリするような攻防もどんどん行われて、いやもう興味が尽きません。

イケメン好きのリタの恋の行方も気になるし、筆者は次巻の『ジュニ空』でも、この作品を取り上げたいです。所長、どうかよろしくお願いしますー。

とっても気になるマンガの疑問

『るろうに剣心』の実在キャラ・斎藤一「牙突」の威力を計算してください！

『るろうに剣心』は「１９９０年代後半の『週刊少年ジャンプ』を支えた」ともいわれる作品である。連載開始は94年。当時の「ジャンプ」には『ドラゴンボール』『SLAM DUNK』などの人気作が連載中だったが、やがてそれらが次々に終了し、『るろ剣』が「ジャンプ」の代表的作品となったからだ。作者の和月伸宏先生は、後年のインタビューで「本来は、看板を背負うような作品ではないんです」と語っているけれど、決してそんなことはないと思う。

キャラたちは個性的で、戦い方も、それぞれが抱えた思いも魅力的で、ページをめくる手が止まらない。まさしく「ジャンプ」の看板マンガである。本編連載終了から24年を経た２０２３年に２度目のテレビアニメ化がなされたことも、この作品を愛する人がいかに多いかの証だろう。

これまで『ジュニ空』では、剣心はもちろん、相楽左之助、四乃森蒼紫、志々雄真実、瀬田宗次郎など、主要なキャラクターについて考察してきた。だが、極めて重要な人物が残っている。

それは、斎藤一。実在の人物をモデルに主要キャラ造形が行われたともいわれる『るろ剣』において、実在した人物がその名のままキャラになっている人である。そして、本当にこんなヒトがいたのかとビックリするほど強い！　本稿では、彼の実力について考えよう。すごいですぞ。

◆剣心と斎藤一の再会

１８４４年生まれの斎藤一は、63年頃に新撰組に入り、三番隊組長や撃剣師範を務めた。「沖田は猛者の剣、斎藤は無敵の剣」と謳われるほどの剣の腕前だったという。時代が明治に変わると、斎藤は警察官になる。77年(明治10年)の西南戦争に参加し、敵の西郷軍から大砲２門を奪い取るなど、大奮戦。その活躍は当時の新聞にも載ったらしい。

『るろ剣』の舞台は翌78年で、作中の剣心と斎藤は、10年ぶりに再会したことになっている。ということは、剣心も斎藤の活躍を知っていて「おろ。斎藤殿。新聞、読んだでござるよ！」と声をかけても不思議じゃなかったのだ。

などと能天気なことを言ってる場合ではありません。『るろ剣』において、剣心と斎藤の再会は、キョーレツな緊張感に満ちていたからだ。

剣心の留守中、斎藤一が神谷道場にやってくる。にこやかに「薬売りの藤田五郎」と名乗る(現実でも斎藤はその名を使っていた)が、対応した相楽左之助が「ただの薬売りではない」と見破るや、たちまち笑顔を捨て去って、必殺技「牙突」を見舞う！　庭でそのワザを食らった左之助は、激しい勢いで道場の壁に激突！　壁は大きく壊れ、そのまま道場内部に叩き込まれた。

その頃、剣心は神谷薫と外出中で、外出先でうたた寝して、夢を見る。斎藤一が「人斬り抜刀斎は新撰組三番隊組長　斎藤一が殺る」と言い、牙突の構えに入る。剣心も剣を構え、両者がカッ!!とぶつかり合ったところで、薫に起こされた。剣心が「あの頃の夢を見るのは久し振りでござるよ　最近は全く見ることはなかったのに　なんで今頃……」と思いながら道場に戻ると、壁に大きな穴があき、左之助が倒れている！　その右肩には、折れた刀が刺さったままだ。

道場に残されていた薬箱と、左之助の肩に刺さった切っ先の形状、壁の破壊状況などから、剣心は「…やはりどう考えてみても　奴の仕業としか考えられないな…」と、犯人が斎藤一で、使われた技が牙突であることをたちまち見抜いた。

剣心は立ち上がり、壁にガキイッ!!と剣を打ち込む。だが、その切っ先はわずかに壁に食い込んだだけ。牙突の破壊痕は、それを圧倒的に上回っている！

剣心は脂汗を流す。「斎藤一の剣腕はまったく衰えていない…壬生の狼と呼ばれたあの頃のまだ…」「逆刃刀で——不殺のままで…果たして奴を退けられるか…」。

モーレツに心配である。とても「新聞読んだよー」などと明るく言える雰囲気ではない。

◆牙突のスピードはどれほどか？

斎藤一の「牙突」は、まず左手で持った刀の先端を相手に向け、右手を軽く刀に添える。そこから突進し、右手を強く引きつける反動で、刀をまっすぐ突き出す！というワザである。

左之助を倒したシーンから、牙突の威力を考えてみよう。剣心の身長158㎝と比べると、壁にあいた穴は上下1m40㎝、左右の最大幅は95㎝、厚さは20㎝前後と思われる。ここから計算すると、左之助の衝突によって270㎏の土壁が砕けたことになる。詳細は省くが、左之助（体重71㎏）は時速52㎞で激突したようだ。壁がなければ、6・2mも飛ばされていたはず……！

これほどの威力を発揮したからには、斎藤はモーレツな勢いで牙突を見舞ったに違いない。そのスピードはどれほどだろうか？

注目すべきは、牙突が「突進しながら突く」ことだ。ボクシングでは、パンチの衝撃力の55％

は腕と拳の運動から、残りの45％は体幹や脚の運動から生み出される。そこで牙突は「突進が衝撃の60％を占める」と仮定しよう。その場合、斎藤（この人も体重71㎏）が、時速66㎞で突進しつつ、刀を時速９００㎞で突き出したと考えると、前述のような威力を発揮できることになる。

これ、あっさり書くとすごさに気づきにくいが、別の表現をするなら、斎藤は「１００ｍ走の世界記録保持者ウサイン・ボルトより1・8倍も速く走ってきて、新幹線の3倍も速い速度で刀を突いた」のである。絶対に避けられないだろう。いや、その光景を目の当たりにしただけでショック死しそうだ。左之助はよくぞ一命をとりとめた……。

◆剣心は抜刀斎に戻ってしまうのか？

この恐るべき牙突と、剣心はどのように渡り合ったのか。

再び道場を訪れた斎藤は、10年ぶりに剣心と再会し、かつての「人斬り抜刀斎」が「不殺の流浪人」になっていることを確認する。殺人剣を封印した剣心の思いを笑い飛ばし、「人斬り抜刀斎が人を斬らずにどうして人を守れる」と挑発する。剣心は「拙者はもう人を殺めるつもりはござらん」と答えるが、その場でやり取りを見ていた薫は、剣心が抜刀斎に戻ってしまうのではないか……と心配する。

戦いが始まり、斎藤が牙突を繰り出した！　剣心は高く跳躍して避け、牙突は剣心の背後の壁を破壊。そのときすでに、剣心は空中で、飛天御剣流 龍槌閃（全体重を乗せて刀を振り下ろす）の構えに入っていた。

驚異的な攻防である。２人は５ｍほどの間合いで立っていた。斎藤の腕と刀の長さを考えれば、斎藤が３・５ｍも突進すれば、切っ先は剣心の体に届くだろう。そのとき斎藤が時速66㎞に達しているとすれば、そこまでわずか０・３８秒。剣心が牙突の開始と同時に跳躍し、床からの高さが2mに達したと考えるなら、牙突の切っ先の高さ＝推定1・5mを超えたのは0・32秒後。剣心の跳躍があと0・06秒遅かったら、体を貫かれていた！

激闘は続き、剣心の攻撃はことごとく跳ね返され、ダメージが蓄積していく。だが、不利な状況が重なるほどに、剣心の回復力は速まり、眼光は鋭さを増していく。その様子を見ていた薫は「まさか」と目を見開く。

ついに剣心が、斎藤の後頭部に逆刃刀を打ち込んだ！ 立ち上がった斎藤が「本当は力量を調べろとだけ言われていたが 気が変わった もう殺す」と言うと、なんと剣心がこう返したではないか。「寝惚けるな『もう殺す』のは俺の方だ」。

なんと不殺の剣心が「殺す」と言った！ いつもは「拙者」と言う剣心が「俺」と言った！ついに剣心が抜刀斎に戻ってしまったのだ！

薫は「誰かあの二人を止めてェ――――ッ!!」と叫ぶが、いったいどうなってしまうのか？ 続きがメチャクチャ気になるだろうけど、この続きは、ぜひとも実際にマンガを読んでもらいたい。

『るろ剣』は、人斬り抜刀斎が「剣心」として人生をやり直す物語である。しかし大切な人を守るための戦いが、しばしば剣心を抜刀斎に引き戻そうとする。なかでも印象深いのがこの斎藤一との戦いであり、斎藤はそれほどの強敵だった。実在の人物なのに、あまりにもスゴイ。

とっても気になるアニメの疑問

『自動販売機に生まれ変わった俺は迷宮を彷徨う』で、自販機の主人公が戦いで大活躍！すごくないですか？

いまや、ラノベもマンガもアニメも「異世界転生」系が花盛り！チート的な勇者に転生するのはもちろん、スライムに転生したり、悪役令嬢に転生したり、剣に転生したり、なかには『ドラゴンボール』のヤムチャに転生してしまった主人公もいるようだ。

なかでも驚いたのは、自動販売機になってしまった人がいたこと！『自動販売機に生まれ変わった俺は迷宮を彷徨う』で、自販機に転生してしまったその人の名は……、名は……あれっ!?このヒト、人間のときの名前が明かされていない！アニメのエンドロールを見ても「主人公」としか書かれていない。わははっ、なんだか振り切れてますな。

この一風変わった物語が、とってもオモシロイ。2023年にテレビアニメが12話放送され、大好評で第2期の制作も発表されたこの作品について、楽しく考察してみよう。

◆自販機になって大喜び！

その主人公は生前、自動販売機が大好きだった。どんなにおカネがなくても、自販機に新商品が入っていると、買わずにいられない。そんな人だから、バイクで山道を走行中、前のトラックの荷台から落ちそうになった自販機を助けようとして、いっしょに崖下に転落、死亡……！

気がつくと、異世界で自動販売機に生まれ変わって、湖のほとりに立っていた！　自販機だから当然まったく動けず、話せる言葉も「いらっしゃいませ」「ありがとうございました」「当たりが出たらもう1本！」などの自動音声だけ。

科学的にはモーレッツに考えづらい現象だけど、もし自販機に転生したら、心の底から絶望するだろう。ところが、この主人公は「まあ、なってしまったものはしょうがない。正直、そんなに悪い気がしないのが、マニアの悲しいところだ」。なんと自分の運命をアッサリ受け入れた！

その自販機を見つけて興味を持ってくれたのが、ラッミスだった。異世界に自販機はないので、最初は怪しんでいたが、なんとかコーンスープを買うのに成功すると「なんやこれ、おいし〜！」

と感激。やがて、主人公が意思を持っていることに気づいてくれて、「ハッコン」という名前もつけてくれて、自動音声を使った会話の方法も考えてくれた。そのうえ、ハッコンを集落まで持ち運んだ！　彼女は魔物を倒す「ハンター」で、怪力の「加護」を持っているのだが、とはいえハッコンによれば、彼の重量は「５００kgはあるぞ！」。なんという怪力少女であるか。

集落でハッコンの商品が大人気になると、噂を聞いたハンター協会の会長がやってきて、魔物を討伐する旅への同行を依頼する。もちろん自販機なので戦闘要員ではなく、水と食料を供給する役目だ。ところがなんと、ハッコンは戦いでも活躍することになる……！

◆自動販売機の設置条件

いまや自販機はどこにでもあって、24時間いつでも商品が買える。仕事が不規則になりがちな出版社など、社内に自販機がやたらたくさんあるとも聞く。

ハッコンの活躍を考えるにあたって、筆者は自販機について調べてみた。一般社団法人「日本自動販売システム機械工業会」によると、２０２２年末における国内の自動販売機の設置数は、飲料系だけで２２４万３千台、カップ麺やガチャガチャなど他の商品も含めると２６７万７千台、両替機やコインロッカーなどの自動サービス機まで加えた合計は、３９７万台だ。

劇中のハッコンは、いろいろな自販機に姿を変えられるが、普段は「ボタンが30個の飲料系自販機である。自販機を製造している富士電機のカタログで、ハッコンによく似た「30押ボタン」のものを探すと、高さ183㎝、幅102・7㎝、奥行き73・1㎝、本体重量227㎏。250mLの細缶なら595本が入るという。缶の重さと合わせて1本あたり280g（コカ・コーラで計測）なら、全595本で166・6㎏となり、本体と合計で393・6㎏という大重量だ（ただしハッコンの言う「500㎏」とは100㎏以上違うから、自販機の種類が違うのかも）。

自販機はそれほど重いから、設置に関してはキビシイ基準が設けられている。本体の高さは183㎝以下、全重量700㎏以下のものしか設置できず、転倒防止のために、必ず固定しなければならない。屋外や建物の1階に置く場合は、床がコンクリートやタイルなら直接固定し、アスファルトやブロックの床なら転倒防止板や石板を設けて、その上に。2階以上は、床に直接固定。砂や畑、花壇など、軟らかい地盤には設置できない……などなど。細かく決まっているなあ。

ここから考えると、異世界に転生したとき、ハッコンが湖のほとり（地盤は軟らかいだろう）に立っていたのは、現実世界のルールならNGだったことになる。いや、それ以前に、異世界でのハッコンは原則的に床に固定されることなく、常にラッミスが持ち歩いている。自動販売機としては異例の待遇だ。転生したのが異世界で、ハッコンにとっては本当に幸いだった。もし現実世界で自販機に生まれ変わっていたら、必ずや床にしっかり固定され、もうまるで動けず、したがってアニメのような活躍はムリだったのでは……。

◆科学的な工夫を忘れない！

では、ハッコンは自販機でありながら、どんなふうにがんばったのか？ 自販機マニアが異世界転生しただけあって、この自販機は、①電源がいらない、②商品は自動的に補充される、③商品の種類も変えられる、④どんな自動販売機にも変身できる……などの便利な特性が備わっていた。それらの機能を活かしながら、科学的な工夫もするのがハッコンのすごいところだ。

たとえば、カエルのような蛙人魔を倒したら、巨大な王蛙人魔が出現した！ ここでハッコンは頭を振り絞って考え、次のような作戦を立て、実行した。

まず、商品を入れ替えてコーラを出す。続いて、お菓子の自動販売機にフォルムチェンジして、キャンディを出す。ハッコンの意図を汲み取ったラッミスたちが、コーラにキャンディを入れると、泡が勢いよく噴き出した！ これで、王蛙人魔の目を攻撃する。

これは実際に起こる現象で、一般に「メントスコーラ」などと呼ばれる。メントスというキャンディをコーラに入れると、大量の泡が噴き出すためだ。そうなるのは、メントスがコーラに溶けるからではない。炭酸飲料は、工場で容器に入れるときに圧力をかけて、本来なら溶けきれないはずの二酸化炭素が溶けた「過飽和」という状態で販売されている。だから「振る」「落とす」「粉末を入れる」などの刺激を与えると、溶けきれない分の二酸化炭素が噴き出してくる。メントスの場合は、表面に小さな穴がたくさんあいていて、コーラに入れるとそこから空気の泡が出る。それが刺激となって、二酸化炭素が噴き出してくるのだ。まことに科学的な現象であり、ハッコンは生前、これを動画投稿サイトで見ていたという。とはいえ、戦いの場面において、それを思い出し、自分に出せる商品で再現するとは、あまりにスゴイ自販機だ。

燃え盛る巨大な骸骨・炎巨骨魔との戦いにも驚いた。ハッコンはドライアイスの自動販売機にフォルムチェンジし、落とし穴にドライアイスを入れて待ち構える。穴には、二酸化炭素が充満していたため、そこに落ちた炎巨骨魔の炎が消える。劇中ハッコンも解説していたが、炎が燃えるには酸素が必要だからで、これもまこと理に適った対処法だった。

ハッコンの創意工夫はバラエティ豊かで、魔道具技師のヒュールミと瓦礫に埋まって、酸欠に陥ったときには、「大気汚染が問題化してた昭和40年頃に実在した」酸素自動販売機に変身！　また、深い地割れに落ちたときには「昔はよくデパートの屋上や遊園地に置かれていた」風船自動販売機に変身し、大量のヘリウム風船を出した。さらに「昔小学生のあいだで流行った段ボール

製の手作り自動販売機」に変身して軽くなり、落下速度を落とした。科学的にナットクすることばかり！

そして、冥府の王との激闘で、仲間たちの心臓が止まった際には、ＡＥＤ（自動体外式除細動器）に変身！　自販機としての守備範囲を最大限に活かした大活躍であった。

自販機になっても、ここまで活躍できるとは、本当にスゴイ。ＳＴＥＡＭ教育の手本にしたいようなハッコン、ぜひとも生前の名前を知りたいものである。

とっても気になるアニメの疑問

『ビックリメン』で起こった「ビックリマンシール三億枚事件」とは、どんな事件？

1980年代のなかば、「ビックリマンシール」が大ブームだった。1個30円の「ビックリマンチョコ」のおまけについていたもので、最初はあまり人気がなかったけど、シールの内容を何度も変えるうちに、第10弾のシール「悪魔vs天使」が爆発的にヒット！　当時の子どもたちがシールほしさにチョコを爆買いしたり、チョコを食べずに捨てちゃったり、強引に奪おうとするヤツが出てきたり、悪徳業者がニセの「ビックリマンシール」を作って売ったり……と、社会を揺るがす大騒ぎになった。

その頃の筆者は、学習塾の講師をやっていて、生徒たちはシールに夢中だったけど、自分ではチョコを買ったことが一度もない。それなのになぜ細かく記憶しているかというと、ある友人が「いいアルバイトがあるよ〜」と甘い誘いを受けて、ニセのビックリマンシール作りに加担させられそうになったから。今日からバイトという日の朝、新聞にその業者が摘発された記事が出て、彼は危うく悪に手を染めずに済んだのだった。いや〜、アブナイところでしたな〜、所長〜。

もちろん、このブームはそんな不穏な話ばかりを呼び込んだわけではなく、テレビアニメ『ビックリマン』も作られた。学習塾の子どもたちが「シールの裏面にはキャラについての短い説明文があって、それらを読み込んで照合すると、壮大な物語が浮かび上がるんだよ！」とコーフンしていたから、その世界観をベースにアニメ化されたのだろう。とても評判がよく、人気も出たようで、その後も新シリーズが何度も作られたという。

そんな日々から数十年、なんと２０２３年の秋には、６度目のアニメ化がスタートした！　本当にすごいんだな『ビックリマン』、と思って番組を見てみたら、ややっ、タイトルは『ビックリメン』!?　何これ、ニセモノ!?　所長、ついに悪事に加担しちゃったのですか!?

さすがにそうではありませんでした。今回の『ビックリマン』は、これまでのアニメのようにシールの世界観をそのまま発展させた物語ではない。舞台は令和。その世界では、ビックリマンシールがまるで80年代のように大ブームとなっており、それゆえに起こる騒ぎをめぐって、シールに描かれた各キャラの「因子」を受け継ぐ人々が戦う……という物語なのだ。

◆合神ですごい能力を発揮！

いまの子どもたちのあいだで、ビックリマンシールがどれほど流行しているか、筆者にはわかりませんが、『ビックリメン』の劇中では、令和のいまも人気沸騰中。新しいシールが封入されたビックリマンチョコの発売日には、ファンが夜中から長蛇の列を作り、工場で生産されたチョコは、現金輸送車なみの堅牢な車両で輸送される。

主人公の高校生・ヤマトは、公園で拾った黒猫の餌代を稼ぐために、宅配便のアルバイトをしていた。なぜか弥生時代の美豆良と呼ばれる髪型(伸ばした髪を、頭の左右で折りたたむスタイル)で、クラスメートには「ビックリマンシールのヤマト王子にそっくり！」と言われている。実は彼、ヤマト王子の因子を受け継いでいるんだけど、本人はそんなこととは露知らず、ビックリマン人気にもあまり関心がなかった。

そのヤマトが、ビックリマンチョコの工場で働く照光子に出会ったことから、物語は動き始める。照光子も同じ名のキャラの因子を受け継いだ人物で、1年前、ビックリマンシールの運送中に、なんと3億枚を強奪されるという被害に遭っていた(後で検証します)。

このたび、1年ぶりに新シールを封入した商品を出荷することになったが、輸送車が再び襲撃されることを危惧した照光子は、俊足のヤマトに、コンビニ「エンジェルマート」への配送を依頼する。ところが、ヤマトは間違えて、幹線道路の向かいの「デビルストア」に届けてしまう。これは大変な勘違いだった。

『ビックリメン』は、かつてブームを牽引した「悪魔VS天使」という世界観を踏襲していて、「エンジェルマート」は天使の因子を受け継いだ人たちの拠点、「デビルストア」は悪魔の因子を受け継ぐ者たちの根城だったのだ。デビルストア側は、罪もない人々のビックリマンシールを奪おうとし、それを阻止するエンジェルマート側とのあいだで戦いが始まる。因子を受け継いだ者たちは、それぞれのビックリマンシールを体に貼ることで「合神」し、強力な装甲を身にまとって戦う。

この合神によって得られる力は、かなりすごい。たとえば、ヤマトがシールを貼ってヤマト王子に合神すると、「達急動」という恐るべき力が発揮される。モーレツに素早く動ける能力で、発動するとアニメ画面からたちまち見えなくなる。筆者の推定では、いきなり時速150㎞くらいに達した模様だ。さらに、シュシュシュシュシュと風を切る音を立てて走っており、もしこの「シュ」がドップラー効果(近づくときに音が高くなる)によるものなら、筆者の計算ではヤマト王子は時速570㎞で移動している！　シールをめぐる争いに、そんなチカラを発揮!?　いやいや、『ビックリメン』世界において、ビックリマンシールはそれほど重要なものなのだ。

◆シール三億枚事件とは!?

シールのすごい価値を知らしめたのが、前述の「ビックリマンシール三億枚事件」である。アニメ第1話の冒頭で描かれるこのエピソードは、本編の1年前のできごと。照光子が輸送車でビックリマンチョコを運んでいたとき、ビックリ橋に差しかかったところで、白バイに乗った警察官に車を止められる。そして突然、前方で炎が上がる。照光子が慌てて輸送車を降りると、警官は白バイを乗り捨て、輸送車に乗って逃走した。こうして、ビックリマンシール3億枚があっさり奪われてしまった。犯人はいまだに捕まっていない……。

この事件、実際に1968年に起きた「三億円事件」にそっくりである。たった3分で現金2億9430万7500円が奪われたという、驚くべき事件だ。

銀行の現金輸送車が東京の府中市を走っていると、猛スピードで白バイが追いかけてきて車を停止させた。白バイの警官(ニセ)は「ダイナマイトが仕掛けられているかもしれない」と言って車を調べ、車体の下に潜り込んだとき、白煙と炎が上がった。警官の「ダイナマイトがあった！

早く逃げろ！」という指示に従って銀行員たちが車から離れると、警官は車に乗り込んで逃げ去った。その場に残されたのは、ニセの白バイと、白煙と炎を上げ続ける発煙筒だった……。

当時の3億円は現在の数十億円ともいわれるが、シール三億枚事件の被害は、それどころではない。劇中、ビックリマンチョコは1個100円といわれていた。すると被害額は300億円に上るのだ！

これは、現実のビックリマン史と比べても恐るべき数字だ。

85年からの大ブームの頃、ビックリマンチョコの売り上げは、年間１００億円に達していたという。当時は1個30円なので、1年間に3億3千万個が売れたことになる。それに近い個数を一気に奪われた！　製造元のロッテ……いや、劇中のお菓子メーカーがツブレなかったか心配だ。

　そもそも3億個ものチョコを、1台の輸送車で運べるのだろうか。ロッテのサイトによれば、ビックリマンチョコは「1枚23g」。3億個で69億g＝６９０万kg＝６９００t！　輸送車は、どう見ても2t積みトラックぐらいのサイズに見えたが……。

　ただし、アニメの画面に映った新聞記事を見ると、「ビックリマンシール三億枚事件」であって、「ビックリマンチョコ三億個事件」ではない。ひょっとしたら、このとき照光子はシールだけを運んでいたのかもしれない。しかし、1枚が０・１gだったとしても、3千万g＝3万kg＝30t。やっぱり積むのは難しい気がするなー。

　シールの価値まで考慮すると、被害額はもっと膨れ上がる可能性がある。製造元は推奨していないけど、レアなシールになると1枚で1万円を超える値がつくこともあるからだ。筆者が見つけたなかで最高額は「スーパーゼウス」の70万円！　1枚平均千円だとしても3千億円！

　わが所長も巻き込まれそうになったビックリマンシールの大ブーム、アニメの題材になっても不思議ではないほど熱いものであった。『ビックリメン』が盛り上がるのもよくわかる。

とっても気になるゲームの疑問

『スーパーマリオブラザーズ ワンダー』では、マリオやピーチ姫はゾウに変身します。急にゾウになって、うまく戦えるの？

筆者がときどき開催するオンラインイベント「『ジュニ空』ひみつ会議」は、宣伝がヘタなせいか、参加者が10人くらいしかいません。やるたびに大赤字で、空想科学研究所の所長がアタマを抱えています。でも、めちゃくちゃ楽しい。参加者といっぱい話をして、ずーっと笑っているし、筆者が知らなかったゲームやアニメを教えてもらうこともムチャクチャ多い！

その一つが、ここで紹介する『スーパーマリオブラザーズ ワンダー』。２０２３年10月に発売されたゲームだけど、ゲーム弱者の筆者はぜんぜん知りませんでした。

ところが、聞いてみるとヒジョ〜に面白そうなのである。とくにココロ惹かれるのが、このゲームならではの3種の変身。ゾウのような姿と能力が得られる「ゾウ変身」、シャボン玉で相手を包みコインに変える「アワ変身」、頭やお尻にドリルがついて、地中を進んだりできる「ドリル変身」。どれもこれもすごいパワーアップ形態だ！

このゲームを教えてくれた参加者は言った。「ゾウに変身して、長い鼻で攻撃できたりするけど、マリオもルイージもそれまで鼻で攻撃した経験なんかないと思うんですよ。なんですぐにゾウの鼻を使えるんだろう？」。わははは。言われてみればそのとおり。確かに気になる問題だ。たいへん興味深いので、ここでは『マリオワンダー』の3変身について考えてみよう。

◆興味津々のゾウマリオ

「ゾウ変身」には、本当にびっくりする。マリオやルイージなど登場キャラは、ゾウフルーツを取るとゾウに変身！　ゾウだけに長い鼻を生やして、それでレンガを崩したり、敵キャラを吹っ飛ばしたり、あるいは水を吹き出して、植物を生えさせたりすることもできる。

これはピーチ姫も同じで、全体的にまぁるくなった「ゾウピーチ」が、長い鼻を振り回して大暴れするのはインパクトがすごすぎる！　ピーチ姫といえば、2023年の映画『ザ・スーパーマリオブラザーズ・ムービー』で、アクティブな大活躍をして、それまでの「マリオの助けを待つ」

という イメージを一新した。「次からのゲームではどうなるんだろう」と思っていたら、なんとまあ、期待を上回る大活躍。スバラシイ時代になりましたなあ。

不思議なのは「ひみつ会議」の参加者が指摘したように、これまでマリオやピーチ姫には、ゾウみたいな長い鼻はなかったのに、姿がゾウになるや、たちまち器用に動かせることだ。

ゾウの鼻は、力が強いうえに、器用で繊細だ。250kgの丸太を持ち上げるかと思えば、豆腐やゼリーを壊さずに口に運ぶこともできる。鼻で筆を持って絵を描くゾウさえいる。これが可能なのは、ゾウの鼻が10万本もの筋肉でできているから。人間の骨格筋は400本(数え方によって諸説ある)、タコの足でさえ1本あたり5千本だから、すごい筋肉の数だ。それをいきなり自在に操るとは……!

ここで注目したいのは、小脳である。動物の小脳は、体の動きのパターンを記憶したり、その動きを調節したり(右足を出すと、自然に左手が前に出る)している。ゾウは生まれたときから鼻を動かしているので、鼻の動きのパターンも小脳に染みついているし、調節するのも自然にできるが、ゾウマリオたちは、いま鼻がついたばかり! それでも自在に動かせるのだから、ひょっとしたらマリオたちの小脳は、経験を積んだゾウの小脳に置き換わっているんじゃないですかね!? 大脳まで置き換わると、ゾウそのものになってしまうので、どうかご注意を……。

◆シャボン玉が割れない理由

もう一つ興味深いのは「アワ変身」だ。アワフラワーを取ると、アワマリオや、アワピーチに変身できて、シャボン玉を出し、相手を包んでコインに変えたりする。

「シャボン玉で相手を包んで空中に浮かべる」というワザは、これまでもいろいろなマンガやアニメで使われてきた。アワマリオも、相手に向けて飛ばしたシャボン玉は、触れた瞬間に相手を包み込む。こういった現象に対して、筆者は子どもの頃から「人を入れるときにシャボン玉が割れるのでは……」と心配していたのだが、実は割れない方法があるんですね。

シャボン液で作ったシャボン玉は、指で触れるとパチンと割れる。でも、指をシャボン液で濡らして触ると、スーッと貫通する。指をどんなに激しく動かしても、ぜんぜん割れない。

これは、シャボン膜が、薄い水の膜の両側にセッケンの分子がびっしり並んだものだから。乾いた指で触ると、その構造が壊れてしまうが、シャボン液で濡らすと、指の表面にも同じ構造ができる。このため、両者が一体化して、シャボン膜の構造が保たれるのだ。

シャボン玉が割れないケースは、もう一つある。落ちてくるシャボン玉を、軍手や毛糸の手袋で受け止めると、割れずにポンと跳ね返る。これは、軍手などの表面には柔らかい毛がたくさん生えていて、これがシャボン膜の構造を壊すことなく弾くから。

触れるものの素材によっては、シャボン玉のなかに閉じ込めるのは可能ということだ。ただし、そのまま宙に浮かせたり、コインに変えたりできる原理は……うーん、ちょっとわかりません。

◆ドリルマリオのエネルギー消費

力学的にすごいのが「ドリルマリオ」だ。ゲームでは、地中を秒速2m(＝時速7・2㎞)くらいで進んでいるように見えるが、これは地下を進むスピードとしては驚異的に速い。モグラが時速18m、トンネルを作るシールドマシンが最高で時速3mなのだ。ここ、「km」じゃなくて「m」なのでご注意を。ドリルマリオはモグラの４００倍、シールドマシンの２４００倍も速い！

それは慶賀の至りだが、すると相当なエネルギーを消費するはずである。直径11・9mのトンネルを掘るのに使用されるシールドマシンは、先端のカッターヘッドだけで1秒あたり34万5千Jのエネルギーを消費する。これを元に、「ドリルマリオは、直径50㎝の穴をあける」と仮定して考えてみよう。直径50㎝の穴の断面積はトンネルの５６６分の1だが、マリオの場合はスピードが２４００倍も速い。その結果、1秒あたりの消費エネルギーは、シールドマシンの4・2倍で、１４６万J。一般家庭３６５軒が、電力をフル消費するのと同じ、という話になる。

マリオの体から電気コードが出ている様子はないので、そのエネルギーは体内から絞り出すのだろう。１４６万Jとは、３４９キロカロリー。人間は1㎞走ると体重1kgあたり1キロカロリーを消費するから、マリオの体重を70kgとすれば、5㎞走ったのと同じエネルギーが消費されるのだ。たった1秒で！

ドリルに変身するとはすごい能力だけど、それだけにムチャクチャ大変だろう。ピーチ姫も、平気でやっているが、本当にアクティブになったものです。

とっても気になるアニメの疑問

『映画プリキュアオールスターズF』では、歴代プリキュアが集合してたけど、それと戦う敵って、どれほど強いの？

『プリキュア』シリーズも、もう20年！　それを記念して、2023年の夏に『プリキュアオールスターズF』という映画が公開された。すぐ観に行こうと思ったら、なんと連日満員らしい。そこで、少し勉強してから観に行くことにした。筆者は、プリキュアの全容をきちんと把握できていないので、プリキュアがたくさん出てきても、誰が誰だかわかるようにしておかないとね。

勉強で得られた知識を書きますと、まず「プリキュア」というのは「プリティ＝かわいい」と「キュア＝癒やし」を組み合わせた造語。シリーズ第1作は『ふたりはプリキュア』で、放送スタートは04年2月1日。以降、毎年番組が変わり、これまで20番組が作られ、プリキュアは総勢

78人になっている。その多くは人間の少女だが、なかには宇宙人や人魚、アンドロイドなどもいるし、最近では男子やオトナの女性もいる。

名前が印象的なキャラも多い。筆者が気に入ったのは、春日野うらら、桃園ラブ、花咲つぼみ、四葉ありす、白雪ひめ、天ノ川きらら、野乃はな、夏海まなつ、ソラ・ハレワタール……などなど。名前を書いてるだけで楽しい気持ちになってきますなー。

そして「プリキュア」といえば、変身！『ジュニ空』の1冊目でも『ふたりはプリキュア』の変身を取り上げたけど、その後みなさんはどんな変身をしてきたのか？嬉しいことに、20周年記念でYouTube「東映アニメーションミュージアムチャンネル」に、これまでのプリキュア78人の変身シーンが公開されていたので、全部見てみた。すごかった！

◆78人のすごい変身！

この変身シーン集、まず『ふたりはプリキュア』のキュアブラックとキュアホワイトの変身シーンが1分5秒流れ、終わったと思ったら『ふたりはプリキュアMaxHeart』のブラックとホワイトの変身シーンが1分16秒流れ、終わったと思ったら同番組のシャイニールミナスの変身シーンが1分10秒流れ、終わったと思ったら……と、休みなく再生されていくのである。78人の変身を連続して見るのは結構ハードだったけど、いろいろなことがわかりましたぞ。

まず、みんな変身アイテムを持っている。それは、ブレスレットだったり、ガラケーだったり、ステッキだったり、コンパクトだったり、スマホだったり……と時代や個性によってさまざま。

変身が始まると、髪の毛がぶわっと伸びたり、クルクル回ったり、そこにリボンやカチューシャやネコ耳がついたり、スカートはフリフリになったり、まぁるく膨らんだりする。衣装には大きなリボンやボタンがついて、ピアスやペンダントなどのアクセサリーが現れ、腕はブレスレットやオペラグローブ(長い手袋)に覆われ、足元はヒールかブーツに変わり、前後してカラフルなタイツやニーハイソックスに包まれ、そして変身が完了するときには、周囲に花が舞い散ったり、背景がまぶしく輝いたり、星がきらめいたり……!

なかでも、筆者の印象に残った変身には、次のようなものがある。

『ハートキャッチプリキュア!』のキュアブロッサムたちは、変身の途中、香水を体に振りかける! なかでもキュアサンシャインは、香水の瓶をクルクル放ったりしてカッコイイ!

『ドキドキ!プリキュア』のキュアエースは、変身中にアイシャドウを塗る!

『トロピカル～ジュ!プリキュア』のプリキュアたちは、「チーク!」「アイズ!」「リップ!」と言いながら、順次メイク。キュアラメールに至っては、マニュキュアとペディキュアも塗る!

『スマイルプリキュア！』のキュアピースは、ひととおり変身したら、最後に視聴者とジャンケンをする！

『デリシャスパーティ♡プリキュア』のキュアヤムヤムは、変身の途中でラーメンを作って、お箸でおいしそうに食べる！

——という具合に、みなさん変身中にいろいろなコトをやっているのだ。変身というと、筆者にとっては『ウルトラマン』や『仮面ライダー』みたいに「何が起こっているのかわからんが、数秒で姿が激変」という素っ気ないものだったので、プリキュアたちが工夫を重ねて姿を変えていき、しかもその過程を公開している姿勢には、深く感服いたしました。

そして、これだけいろいろなことをしていると、当然時間がかかる。前掲のYouTubeで各人の変身時間を計ると、いちばん短いのが『Yes！プリキュア5』キュアアクアの29秒。最長は『スター☆トゥインクルプリキュア』のキュアスターたちの1分24秒。後者が長いのは、途中で歌いながらペンで宙に絵を描いていくからなんですね。それは確かに時間がかかるかも……。

◆ああっ、変身シーンが少ない！

と、ここまで詳しくなったところで、筆者は『映画プリキュアオールスターズF』を観に行った。これでもうプリキュアが何人出てきても、充分に楽しめるであろう、と自信満々で。

ところが、結論から言いますと、筆者のにわか勉強はほとんど役に立ちませんでした。

物語の舞台は異世界。そこは「森」「海辺」「砂漠」「雪山」の4つに分かれ、最新作『ひろがるスカイ！プリキュア』の5人がなぜか別々になって（ツバサ＆エルはいっしょ）それぞれの地域をさまよっているうちに、やはり放浪している女の子たちに出会っていく。敵に襲われて、戦うなかで「あなたもプリキュアなの？」と、お互いがプリキュアであることを知り、グループの垣根を超えたプリキュアドリームチームが結成される！　4人ずつの4チームで、計16人だ。

ところが、筆者にはこの16人の見分けがつかなかった！　映画では、登場したときに名前などのテロップが出るのだが、それだけではワタクシにはキャラの把握ができず、「あれ、これはどなたでしたっけ？」などと思っているうちに、物語が進んで、さらにたくさんのプリキュアが登場してきた。そしてついには、総勢78人が全員集合！

宇宙空間に飛び出し、全員が上下5列に並んで、地球の前に立ちはだかったシーンは、圧巻であった。第1作『ふたりは』のキュアブラック＆ホワイトを先頭に、隊列を組んで飛んでいくシーンにも胸が躍った。プリキュアの歴史、ここにあり！

しかし、もう誰が誰だかわかりません。ワタクシが勉強したのは主に変身シーンなのだが、劇中で変身シーンがしっかり描かれたのは、ソラ・ハレワタールなど数名だけ。うわーん、みんなの変身シーンを見せてー。だったら誰が誰か認識できると思うからー。

いやいや、この映画の上映時間は73分であった。事前に調べた全員の変身時間を足すと75分15秒だから、すべて見せたら、上映中に全員の変身が終わりません！

◆みんなで攻撃すると？

筆者のダメっぷりは措いといて、なぜプリキュアが全員登場しなければならなかったかを考えよう。ここから先はネタバレになっちゃうので、知りたくない人はご注意ください。

このたびの敵は、キュアシュプリーム。なんとプリキュア!? いや、その正体は地球外生命体で、驚いたことにかつてプリキュアたちをすべて倒し、地球をも消滅させたという！

しかし、何度も立ち上がってきたプリキュアたちに興味を抱き、彼女たちの記憶をもとに、地球に似た異世界を作った。そこに仮想敵・アークを生み出し、自らはプリキュアとなって戦うことで、「プリキュアとは何か」を探ろうとしていたのである。しかし結局プリキュアを理解できなかったため、もう一度世界を消滅させようとして、よみがえったプリキュアたちと激しい戦いを繰り広げることになった……。

一度は実際に全員を倒しているのだから、キュアシュプリームがめちゃくちゃ強いことは間違いない。劇中での戦いでも、プリキュアたちはかなり苦戦を強いられていた。個別に攻撃してもまったく歯が立たず、アッサリ吹っ飛ばされたりしていた。

するとプリキュア78人が力を合わせて戦うしかないのだろうが、それは具体的にどれほどの強さになるのか。最近の『プリキュア』シリーズの光線ワザは、破壊というより浄化するイメージなので、ここでは肉弾戦の威力を考えてみよう。

たとえば劇中、『デリシャスパーティ♡』のキュアプレシャスが、身長10mはありそうな敵キャラをすごい速度でぶっ飛ばしていたので、ここでは彼女のパンチに注目しよう。この敵は立派な体格をしていて、身長10mなら、体重は25tほどと推定される。プレシャスはこれを時速100kmくらいで吹っ飛ばした印象だった。そもそもパンチで相手を飛ばすのは大変なことだし、そのうえ相手は自分よりはるかに大きい。プレシャスが身長160cm、体重50kgだとすると、このとき放ったパンチの速度はマッハ690！　衝撃力は7千億tだ！

そして『トロピカル～ジュ！』のキュアサマーも同じくらいの威力のキックを放っていた。もし、78人が同じレベルのパンチやキックを放てるとしたら、一斉にぶちかませば、前述の敵キャラなら時速7800kmで飛んでいく。仰角(地面からの角度)が、もっとも飛距離の出る45度だったら、最高高度は120kmに達し、5分12秒後に480km彼方に落下する。東京から西に向かって飛ばせば、落下点は姫路だ！

もちろんプリキュアたちの「強さ」とは、そんな肉体的なモノばかりではなく、愛と友情であり、お互いの信頼あってこそである。それらをしみじみ味わわせてくれた映画が『オールスターズF』であった。プリキュア78人の見分けができず申し訳なかったけど、魅力は堪能したつもりです。

とっても気になるマンガの疑問

『刃牙』シリーズのオリバは1日に10万キロカロリーの食事をするのに、なぜ太らないのですか?

うひょひょ〜い。めっちゃ久しぶりの『刃牙』シリーズだ! と喜んで『ジュニ空』の既刊を読み返すと、ややっ、なんと25巻で書いているではないですか。その前は……と見れば、24巻。さらにさかのぼると、23巻、22巻、21巻……。要するに、毎回のように扱っていて、最近の2冊に登場しなかっただけなんですね。なのに、筆者はモーレツに寂しかったツッツ!!

とはいえ、このビスケット・オリバについて考えたのは第21巻と、少々昔である。そこで簡単にこのヒトについて復習しておこう。

人間離れしたキャラがたくさん登場する『刃牙』シリーズのなかでも、オリバほど「人というもの」を超越した男は珍しい。身長は１８０㎝なのだが、戦った相手の目測によれば、筋肉量は１５０kgを超える。一般的な１８０㎝の人の体重は75kg前後。筋肉はその４割を占めるから、普通は30kgなのに、このヒトは１５０kg！　推定体重は２１０kg！

　当然、むちゃくちゃ強い。というか、全米最強。警察の手に負えない凶悪犯がいると、その依頼を受けて出動し、素手で捕まえ、アリゾナ州立刑務所にブチ込む。オリバ自身もその刑務所に収監されてるんだけど、これほど強く、警察にも貢献しているため、刑務所内にゴージャスな特別室（まるでホテルのスイートルーム！）をあてがわれ、恋人のマリアさんといっしょに快適に過ごしている。

　そして、すごいのが食事。専用のコックが作る料理を、バカ高いワインとともに楽しむ。食事量も人知を超えていて、オリバ自身が、主人公の刃牙にこう告げている。

「俺の一日の食事――――そのカロリーの総量は――――10万キロカロリーを下回ることはない」。

　そして体脂肪率についても「５％以内をキープしている」。

　どれもこれも驚くべき話だが、ここでは食事と体型について考えてみたい。「１日に10万キロカロリーも摂取して、体脂肪率５％などということが可能なのだろうか？

◆適正な食事量を計算する

そもそもオリバは、1日にどれほどの食事をするのが適切なのだろうか？　人間が1日に必要とするエネルギーは、次の式で求められる。

　1日に必要なエネルギー＝基礎代謝基準値×体重×身体活動レベル

「基礎代謝基準値」は、年齢と性別によって変わる。これに体重をかけたのが「基礎代謝量」で、生きるのに最低限必要なエネルギーだ。「身体活動レベル」とは、生活のなかでどれくらい体を動かすかによって決まる数値で、これも年齢や性別で変わってくる。

オリバの体重は、筆者の推定では２１０kg。年齢は40～50歳とみられるが、その体はとっても若々しいので、ここでは日本医師会が発表している18～29歳の値で考えよう。

基礎代謝基準値は23・7［キロカロリー／kg／日］。身体活動レベルは、「低い」が1・50、「ふつう」が1・75、「高い」が2・0。すると、体重70kgで「身体活動レベルがふつう」の18～29歳男性は、1日に23・7×70×1・75＝２９００キロカロリーが必要なことになる。

オリバの身体活動レベルはズバ抜けて高いだろう。日本医師会のデータではないが、アスリートの身体活動レベルは「2・0～2・5」だという。作中でオリバは、大型バイクを片手で投げたりしていて、そういうアスリートもまずいないだろうから、ここでは「3・0」としよう。

これらの仮定のもと、オリバの適正な摂取カロリーを計算すると、こうなる。

23・7［キロカロリー／kg／日］×210［kg］×3・0＝1万4931［キロカロリー］

適正カロリーが1万4931キロカロリー！　そんなヒトは聞いたこともないが、それでも10万キロカロリーとは大きな差がある。つまりオリバは、差し引き8万5069キロカロリーを超過していることになる！　シンジラレナイ！

◆10万キロカロリーの食事とは

10万キロカロリーとは、いったいどんな食事なのだろう。オリバは「日本人が好んで食すライスボール（オニギリ）なら約500個分に相当するカロリー数だ」と言っていた。確かにすごい量である。では他の食べ物なら、どうなるのだろう？

オリバはケンカで傷を負うと、食事をすべてステーキに統一して回復に努める。そこでステーキで考えてみると、それは100gあたり295キロカロリーが含まれるから、33・9kg。1枚300gなら113枚だ。

1日3食でそれだけ食べるとしたら、1食あたり38枚。食事時間が1時間だった場合、1・6分に1枚を食べることになる。1枚を10切れに切り分けたとしたら、9・6秒で1切れ！　しか

もこのヒトは、ワインも大量に飲むので（1回の食事で瓶10本を空けたこともある）、おそらく、ワイン一口を2秒で飲み、2秒でステーキを切って、5・6秒でモグモグ……というような食事をしたのではないだろうか。あまりに忙しく、無事に消化できるか心配になってくる。

こんな食事をしていて、体脂肪率を5％以内にキープできるのだろうか？　前述のとおり、オリバの超過分は8万5069キロカロリーもある。それだけのエネルギーを消費するためには、モーレツにすごい運動をする必要があるはずだ。

「その運動をしたとき、安静に座っているときの何倍のエネルギーを消費するか」を示す数値に「METs」というものがある（日本語では「代謝当量」という）。野球の試合が５・０、テニスの試合がダブルスで６・０、シングルスで８・０、サッカーの試合が10・０。数値が大きいほど、キツイ運動ということだ。安静に座っているときは体重１kgあたり１時間に１キロカロリーを消費するので、METsの数字はそのまま「体重１kgあたり１時間に消費するエネルギー」となる。

では、いちばんMETsの高いスポーツとは？　筆者が調べたなかでは「時速22・５㎞でのランニング」というのがそれだ。なんと23・０！　これは「１００ｍを16秒で走る」というモーレツなピッチで、４分走れば１５００ｍを走破してしまう。陸上の１５００ｍは過酷な種目といわれるが、これを４分で走れるのは高校生でも県大会レベルだろう（世界記録は３分26秒）。

もちろんオリバの場合、１５００ｍ走って終わりではない。１時間走り続けても、体重２１０kgの彼は、23・０×２１０＝４８３０キロカロリーしか消費できないからだ。８万５０６９キロカロリーを消費するには、ぬゎんと17時間37分も走らないと！

しかし１日は24時間しかない。残る６時間23分で、睡眠を取ったり、食事をしたり、ケンカしたり、マリアさんと仲よくしたりする必要がある。忙しくてたまりません！

◆オリバ自身はどう説明している？

過剰摂取問題については、オリバ自身も言っている。「理屈ではあり得ないハナシだ」と。

では、どうしているかというと「燃焼しているのさ　こうしている間にも　巨大化しようとする奥底なるものを　抑え　封じ　押し込め　圧し　締めつける」。このとき、オリバの全身から湯気が立ち昇る！

その「奥底なるもの」とは、筋肉。オリバは言う。自分の筋肉は、押さえつけていないと「たちどころに皮膚を突き破り　君達を押し潰し――建物を破壊し――(刑務所の)外柵にすら収まらず――天にまで達するだろう」。もはや何を言っているのかよくわからないが、たぶん超過分の８万５０６９キロカロリーを、筋肉を押さえつけるのに消費している……のだろう！

当然それは、24時間続けられているに違いない。すると、オリバの「筋肉押さえつけ」のMETsは16・9。おお、これは、時速18㎞でのランニングくらい。オリバは刃牙の両肩に手を当てて、ニッコリ笑いながら「俺のスンゲェところは　それでもなおかつ　熟睡できちゃうってところなんだけどね」と得意そうだが、時速18㎞で走りながら熟睡できるなんて、本当にスンゲェ！

やっぱり『刃牙』の世界には、信じられない猛者がいるのである。嬉しい。

とっても気になる日常の疑問

鉛筆1本で、いったい何文字くらい書けるんだろう？

「好きな筆記用具は？」と聞かれたら、筆者は迷いなく「鉛筆」と答えます。『ジュニ空』などの原稿はパソコンで書いているけど、紙で計算するときやメモを取るときは、ほとんどが鉛筆だ。お手軽だし、柔らかい書き心地だし、書き間違えたら消しゴムで簡単に消せるし、先が丸くなってきたら、削るとたちまち復活するのもスバラシイ。

もう四半世紀も前だけど、2冊目の本を出せたのが嬉しくて、筆者は個人的に「空想科学読本2出版記念」という文字を入れた鉛筆を千本ほど作ったことがある。サイン会に来てくれた読者に1本ずつ渡したりしていたのだが、千本もあるから、なかなか減らない。『空想科学読本3』

が出ても『４』が出ても『５』が出ても『６』が出ても、サイン会で渡す鉛筆はず〜っと『２』。お客さまは不思議がっておりましたな〜。だはは〜。

そんな黒歴史はともかく、本稿ではとっても身近な筆記用具・鉛筆について考えてみたい。

◆鉛筆は何でできている？

鉛筆はなぜ紙に書けるのか？　そもそもなぜ「鉛筆」という名前なのだろうか？

鉛筆が誕生する以前、中国や日本では筆に墨をつけて書き、また西洋やその周辺ではペンにインクをつけて書いていた。墨やインクは液体なので、持ち運びが不便。そこで西洋では、工事現場や鉱山で、木や石に文字を書いたり印をつけたりするのに、鉛が使われていた。鉛は軟らかい金属で、木や石や紙にこすりつけると、削れて跡が残る。家族に釣りをする人がいたら、おもりを借りて紙に文字や絵を描いてみよう。鉛筆より少し薄いけど、しっかり書ける。

歴史が動いたのは１５６４年。イギリスの鉱山で、真っ黒な鉱物が発見された。それは炭素の塊で、鉛より濃く書けることから「黒鉛」と呼ばれ、鉛に代わって使われるようになった。

ただし、黒鉛は粉が出て、持つだけで手が汚れてしまう。そこで、糸を巻いたり、木の板ではさんだりして使うようになった。これが鉛筆の始まりだ。

さらに1795年、フランスのコンテという人が、粘土に黒鉛を混ぜて練ることを思いついた。これで濃さや硬さを自由に調節できるようになった。いま、画材専門店などに行くと、さまざまな硬度の鉛筆が売られていて、硬いものから順に10H、9H、8H……2H、H、F、HB、B、2B……10Bと、22種類もある。これらの「H」はHardの頭文字で、「B」はBlackの頭文字、中間の「F」はFirm(ひきしまった)の頭文字だ。

つまり、鉛筆は、そのルーツが鉛にあるから「鉛筆」と呼ばれるが、鉛は使われていなくて、その芯は「黒鉛と粘土を混ぜたもの」なのだ。

◆色鉛筆はなぜ消しゴムで消えない？

では、色鉛筆と鉛筆は同じなのだろうか？　実は色鉛筆には、黒鉛も粘土も入っていない。顔料(色のついた粉)をロウや油や糊と混ぜ合わせて練り、長く延ばして乾かして作る。これにそっくりなのが、図工などで使う「絵の具」だ。絵の具は、やはり顔料を水で練り、チューブに入れたもの。色鉛筆も絵の具も、色の元になる材料は同じだから、色鉛筆は「鉛筆」といいながら、絵の具の仲間といえるかもしれない。

では、鉛筆や色鉛筆は、なぜ紙に書けるのか。紙は「セルロース」という植物の繊維を糊で固めたもので、顕微鏡で見ると、表面はザラザラしている。その上に鉛筆を走らせると、炭素と粘土が削れて、それらの粉がセルロースの隙間に入る。色鉛筆の場合は、ロウなどと混ざった色の粉が隙間に入り込む。これが「鉛筆や色鉛筆で書く」ということだ。

この鉛筆と切っても切れないパートナーが、消しゴムだ。鉛筆で書いたものを消すには、隙間に入り込んだ炭素の粉を取り除く必要がある。ときどき、鉛筆の書き間違いを指でこすって消そうとする人がいるけど、これでは隙間に入った炭素を取り除くことはできず、表面の炭素をまわりに広げてしまう。だから汚くなるだけで、消えないんですね。

消しゴムは、ゴムやプラスチックでできていて、鉛筆で書いた文字の上をこすると、自分が削れて「消しカス」になるときに、繊維の隙間に入り込んだ炭素の粉を巻きとってくれる。「コロコロ」と呼ばれるローラー型の掃除器具と同じ原理で、紙をきれいにしてくれるのだ。

この消しゴムでも、色鉛筆の色はうまく消せない。色のついた粉を練り込んだロウや油は粘着性が高いため、繊維の隙間にしっかり入り込んでしまい、消しゴムでは取り除けないのである。

◆鉛筆1本で何文字書ける？

そして、ヒジョ〜に気になる問題。鉛筆1本で、いったい何文字くらい書けるのだろうか？

これは、実験するのがいちばんだろう。重要な実験だから、文豪・太宰治の『走れメロス』を書き写すことにする。筆者は２Ｂの鉛筆を削って文字を書き、芯が丸くなったらまた削って……を繰り返して、鉛筆の長さが１㎝短くなるまで、四百字詰めの原稿用紙に文字を書いていった。

「メロスは激怒した。」に始まって、原稿用紙１枚目の終わり頃、メロスが親友のセリヌンティウスに会いに行こうとしている場面で、３㎜短くなっていた。２枚目が終わり、メロスが老人に王の非道を聞く場面では、６㎜近く短くなった。３枚目が終わり、メロスが王に尋問される場面では、８・５㎜ほど短くなった。そして、４枚目の真ん中あたり、正確には１３７７字書いたところで、ついに１㎝短くなった。それは、王がメロスに「人間は、もともと私欲のかたまりさ」と言ったあたり。ワタクシの腕は疲労のカタマリであります～。

こうして２Ｂの鉛筆は、１㎝で１３７７字が書けることがわかった。では、１本だと何字？新品の鉛筆の長さを測ると17・5㎝である。キャップやホルダーを使って３㎝になるまで書いたとすると、消費する芯の長さは14・5㎝だから、１３７７字×14・5＝１万９９６６・５文字。なんとなんと、およそ２万字も書ける！

これには驚いた。筆者が書いている『ジュニア空想科学読本』シリーズは、１冊あたり約10万字なのだ。信じられますか、１冊の本が、鉛筆５本で書けてしまう！筆者が購入した鉛筆は１

本40円だったから、５本で２００円。本１冊の材料費がたったの２００円とは……！

また、１つの文字を書くときに、平均して４㎝の線を引くとしたら、４㎝×２万＝８万㎝＝８００ｍの線が引けることになる。１本の鉛筆は一生のうちに、50ｍ走を16回も走るような距離を、紙の上で行ったり来たりしているのだ。いやもう、本当にお疲れさま！

ああ、愛しの鉛筆。この実験で、筆者はますます鉛筆が好きになってしまいました。

とっても気になるマンガの疑問

『BLEACH』には、「瞬歩」「響転」「飛廉脚」「完現術」などの高速移動技が登場します。いちばん速いのはどれ？

遠くにいると思った相手が、気がつくと目の前に！　相手の背後を取ったと思ったら、相手が自分の背後にいた！　『BLEACH』には、こうした緊迫の場面がしばしば描かれる。登場人物たちの多くが、超高速移動技を身につけているからだ。

それらの技には、名前がある。死神たちが使うのが「瞬歩」、破面が見せるのが「響転」、滅却師の技が「飛廉脚」。XCUTIONも、物体のなかの魂を引き出して使役する「完現術」で、アスファルトや空気の魂の力を引き出して高速移動する。

それぞれどんな原理で、どこが違うのか。それを明らかにしたいと思って、『BLEACH』全74

巻を3日がかりで読み直してみたが、原理が明確に示されているのは完現術だけ。飛廉脚は、「霊子(尸魂界や虚圏の物質を作り、現世でも空間に漂う)に、サーフィンのように乗っているのでは」と推測される表現もあり、瞬歩と響転については、霊力や霊圧(霊あるものに働きかける力や圧力)を使っていそうな感じもするが、実際のところはわからない。ただ、主人公の黒崎一護に「今のは瞬歩じゃない 響転でも完現術でもない 今のは――飛廉脚だ」という発言があるところなどから、この4つは別の技であることは確かなようだ。

う〜む、なかなかムズカシイが、『BLEACH』の高速移動にできる限り迫ってみよう。

◆高速移動の収れん進化

まずは『BLEACH』の世界を、主要4団体の視点から、おさらいしておこう。

この作品では、現世で死んだ者の魂は尸魂界へ行く。しかし、本人が納得できない死を迎えた魂は、現世に残って生者の魂を食らう虚となる。その虚を尸魂界へ「魂葬」し、2つの世界の魂の総量のバランスを保つのが、死神の仕事だ。彼らは尸魂界の中心部である瀞霊廷を守る「護廷十三隊」の一員として、キビシク統制されている。主人公の黒崎一護も、死神代行として、虚と戦っていた。

これに対し、滅却師は、その名のとおり虚を滅却する。尸魂界は、「これを許せば、魂の量のバランスは崩れ、2つの世界は同時に崩壊する」と考え、200年前に滅却師を殲滅した。石田雨竜の家族のように生き延びた滅却師もいるが、この禍根が最終章の『千年血戦篇』につながる。

破面とは、人間ではなく死神が虚化した者たち。護廷十三隊の元・五番隊隊長でありながら、尸魂界を裏切った藍染惣右介によって一大勢力となった。彼らが住む世界が虚圏だ。破面との戦いの後、死神の力を失った一護を仲間にしようとして接触してきたのが、XCUTIONである。

この4団体が、四者四様の高速移動技を見せるのだ。自然界でも、まったく系統の違う生物が、同じ生態や能力を身につけることがあり、収れん進化と呼ばれる。たとえば鳥の翼は前脚が、昆虫の翅は外骨格が変化したものだ。『BLEACH』の世界でも、速く動けることは戦いに有利だろうから、「原理は違うが速い点は同じ」というスピードの収れん進化が起きたのでしょうなあ。

◆瞬歩はどれほど速い？

瞬歩といえば、「瞬神」と畏怖される四楓院夜一さんを思い浮かべるかもしれない。普段は黒猫の姿をした美しい女性で、100年前まで尸魂界の重職に就いていた。しかし、作品で最初に瞬歩を見せたのは、六番隊隊長の朽木白哉である。

四大貴族当主でもある白哉は、一護に死神の力を与えるという重罪を犯した妹のルキアを、尸魂界に連行するために、一護の住む空座町に来た。一護はそれを阻止しようと、白哉の配下の阿散井恋次と戦いになるが、気づくと自分の斬魄刀は折られていた。その刀身は遠く離れた白哉の手に！　次の瞬間、白哉は一護の横を音もなく通り過ぎ、一護は胸を斬られて倒れてしまう。この場面で「瞬歩」という言葉は出てこなかったが、白哉は瞬歩を使ったのだと思われる。

尸魂界でも、象徴的なシーンがあった。ルキアを救おうとする夜一さんは、負傷した一護を担いだまま言う。「…ほう 大きな口を利くようになったの 白哉坊 おぬしが鬼事(鬼ごっこ)で儂に勝ったことが一度でもあったか？」。白哉は「…ならば試してみるか？」と返し、2人は消える！ 目にも留まらぬ攻防の後、夜一さんの背後に白哉が立っており、「その程度の瞬歩で逃れられると思ったか」。夜一さんはすでに胸を斬られていた。しかし次の瞬間、夜一さんは、斬魄刀を振り抜いた白哉の右腕に乗っていた。「その程度の瞬歩で捕らえられると思うたか？」。いやあ、いつも思うけど、『BLEACH』の人々はセリフがカッコイイな！

それにしても、これはどれほどのスピードなのか。わかりやすい空座町の戦いで考えよう。白哉は一護から目測で30mほど離れていた。問題は時間である。人間は外部からの刺激に反応して行動するのに、最短でも0・1秒を要する。一護が反応できなかったということは、白哉は0・1秒未満で30mの距離を近づいてきたのだろう。人間が瞬きする時間も0・1秒といわれるから、それができるなら、まさに瞬歩の名にふさわしい。その場合、速度は30m÷0・1秒＝秒速300m。わあっ、もうちょっとで音速(気温15℃のとき秒速340m)だ！

◆丁々発止のスピード比べ

完現術もスゴイ。一護がこれをマスターしたとき、先にXCUTIONに入っていた親友の茶渡泰虎は驚いた。「〝コンクリート〟を完現術しての跳躍増幅 しかもわずかだが 跳躍中に〝空気〟を完現術して〝加速〟している」。これはオソロシイ！ 高速移動において、空気は邪魔にしかならない。たとえば瞬歩の速度が秒速300mだとすれば、普通の体格の人なら2・5tもの空気抵抗がかかるのだ。普通はブレーキになる空気を加速に使えるとしたら、こんな便利なことはない。理論上はどこまでも加速していけるはずである。

では、響転はどうか。虚圏に乗り込んで、初めて破面の動きを見た十番隊副隊長・松本乱菊は「速い‼」と息を呑んだ。「響」という字は、音響、反響、残響など、音に関する熟語に使われる。ひょっとして、響転は音速が出せる⁉ だとしたら、瞬歩を上回ることに……。

だが、しばらく後、同じ破面と会敵した乱菊姉さんは、パンチを軽くかわして、こう挑発した。「遅いってのあんた達 最初ここへ来た時 凄い速さで移動して来たじゃない あのくらいで来なさいよアレ・何て技？」。破面は素早く乱菊姉さんの背後を取って「『響転』だ」と答えたが、直後、姉さんが「あたし達のはね〝瞬歩〟って言うのよ」と言ったとき、破面は肩を深々と斬られていた！ おお、瞬歩は響転より速い⁉

このスピード比べに、石田雨竜も加わった。別の破面が逃げるのを追いながら言う。「これが『響転』ってやつかい？」。破面が「響転の移動速度に…」と驚くと、石田は「これは『飛廉脚』という滅却師の高速歩法でね 個人的には死神の瞬歩より上だと思っている」。乱菊姉さんの実績と石田の個人的感想を総合すると「飛廉脚 ∨ 瞬歩 ∨ 響転」なのだろうか⁉

だが、瞬歩も負けてはいない。『千年血戦篇』、瀞霊廷の上空に浮かぶ霊王宮で、体力を回復し、新しい斬魄刀を手に入れた一護は、螺旋階段のような通路を通って瀞霊廷に戻るように言われる。零番隊の麒麟寺天示郎によれば「普通に瞬歩で行きゃ 1週間くれえだ！」。なにっ、瞬歩で1週間＝168時間＝60万4800秒⁉　瞬歩の速度が秒速300ｍだとしても、霊王宮から瀞霊廷まで18万㎞。地球から月までの半分弱ということ⁉

しかし、一護はまったく動じなかった。「普通に瞬歩で行って1週間なら めちゃめちゃ急げば半日ぐらいだろ！」。一護の言う「半日」が12時間のことなら、めちゃめちゃ急げば普通の瞬歩の14倍の速度が出る？　それは秒速4200ｍ＝マッハ12・4！

こんな速度が出せるなら、東京から2430㎞の与那国島まで10分。地球の裏側までですら1時間20分。空座町といわず、日本や世界の平和が守れます。瞬歩が最強！　なのかなあ。

とっても気になるアニメの疑問

『SAND LAND』のベルゼブブは、どれほどすごい魔物ですか？鳥山明先生の作品だから、ものすごく強い？

2023年の夏に、アニメ映画『SAND LAND』が公開された。原作は『ドラゴンボール』の鳥山明先生による中編マンガ(コミックス全1巻)。「週刊少年ジャンプ」に連載されたのは2000年だから、なんと23年後に初めてアニメ化されたことになる。

そういった話題もあって、大きく期待された『SAND LAND』だったが、この映画はヒットしなかった。インターネットの映画評には「とても質の高いアニメだ！」「わかりやすくて面白い！」「鳥山ワールドの魅力が満載！」など絶賛の声があふれたし、筆者もモーレツに面白いと思ったのだが……。鳥山先生の作品でも当たらないとは、興行とはムズカシイものだなあ。

しかし、この良質な作品が不振だったのはあまりに残念である。かつて学習塾をツブし、いま空想科学研究所も激しく赤字経営……というワタクシには、ビジネスを語る資格などないが、科学的な考察をしながら、そこらへんのことについても少し触れてみよう。

◆ベルゼブブは2500歳

『SAND LAND』の舞台は、人間たちの行いと天変地異によって、すっかり砂漠と化してしまった世界。水源は一つしかなく、それも国王が独占していて、水は高値で販売されていた。人間にとっても、魔物にとっても、生きづらい環境だった。

そんな状況に立ち上がったのが、保安官のラオだ。彼は、国王が独占している水源以外に「幻の泉」があると確信し、魔物の国にやってきた。「泉を探す旅は危険が伴う。ウデの立つ魔物に同行してほしい」と協力を仰ぐためだ。こうしてラオは、魔王サタンの息子のベルゼブブ、そのお目付け役のシーフといっしょに旅に出る。

——と、大まかな設定を書いただけでも、とっても面白そうではないですか、この話!?

しかも、物語の途中で明かされるのだが、このラオというおじさん、実はかつて国王軍の英雄としてその名を馳せたシバ将軍だった。30年前、世界を滅ぼす兵器を作ろうとしていたピッチ族を滅ぼしたものの、戦いのさなかに死んだ……と思われていたのだ。ラオは、なぜ30年間も正体を隠してきたのか？　ピッチ族との戦いの裏に、いったい何が隠されていたのか？　などなど、気になる謎も満載だ。やがて驚くような真相も明かされ……。いやあ、やはりこの作品がヒットしなかったのは、何かの間違いではないかなあ。

とはいえ、ここまでの説明でも伝わったと思うけど、ラオは結構いい年齢だ。ピッチ族と戦ったときすでに将軍で、それから30年後の現在は61歳。少年マンガの主役で、ここまでお年を召されている方も珍しい。もちろん、もう一人の主人公・ベルゼブブは魔物の子どもだけど、実際の年齢は２５００歳だ。お目付け役のシーフは、ベルゼよりはるかに年上だろう。ということは、旅の３人組はみんな高齢者！

そのうえ、この物語には女性がほとんど登場しない。他の登場人物もオトコばっかりだし、そのなかにイケメンもいない。女子やイケメンがいると華やかになる……とは言いませんが、さすがにシブすぎる顔ぶれかもしれません。

◆高さ225ｍまでジャンプできる

でも、ベルゼブブは２５００歳とはいえ、悪魔の王子である。人間の悪辣な行いに対して「悪魔よりワルだなんてゆるされるとおもうか？」などとカッコイイことを言う。では、具体的にどんな悪さをしたかというと、「昨夜は夜ふかししたうえに歯も磨かずに寝てやったぜ」「そしてきょうだって朝寝坊してまた歯も磨かず水の運搬車を襲ってやった！」。わはは、カワイイな。

　しかも、魔物だからといって、不思議な魔法などをガンガン使うわけではない。そういう意味ではこのヒトも地味なのだが、すごいところがある。それは、ズバ抜けた運動能力！

　たとえば、ジャンプ力がすごい。戦車同士の戦いになったとき、あたりには柱のような岩が林立していて、相手の所在が掴めなかった。そこでベルゼブブは、はるか遠くの岩の頂上までジャンプして、相手の戦車を発見！　目測だが、ベルゼブブの滞空時間は５秒ほどで、跳んだ距離は水平方向に３００ｍ、しかも離陸点より20ｍほども高いところに着地した。

　恐るべき跳躍である。この運動を物理的に表現すれば、ベルゼブブは「２・９１秒上昇して高度41・５ｍに達し、２・０９秒下降して高度20ｍ地点に着地した」ことになる。それを可能にするには、時速２３９㎞で跳躍する必要があり、このスピードで真上に跳んだら、高さ２２５ｍまで跳び上がれる！　これは、23年４月に開業した東京新宿の新名所・東急歌舞伎町タワーの高さと同じだ。

◆さり気なくスゴイ設定

この作品について、筆者がココロ惹かれるのは、ちょっとしか出てこないメカや脇役に、さり気なくすごい設定や能力が与えられていることだ。

たとえば、劇中に「反石」というのが出てくる。重力をコントロールできる鉱物で、王国軍の水運搬車や、ベルゼブブたちが乗っていた戦車104号にも設置されていた。戦車内に4つ装備されていて、その力を最大にすると、104号車の重量は1562kgに軽減するという。

一般に、戦車は「軽戦車」と呼ばれる小型タイプでも20tくらいあるが(中規模の戦車は50t前後)、反石４つでそれが１・６tになるわけだ。１０４号車がもともと20tなら、反石１個あたり４・６tずつ軽くした計算になる。劇中、ベルゼブブは１５６２kgになった１０４号車の前方を持ち上げていた。その腕力にはびっくりするが、反石のチカラはそれを上回ってすごい。

そんな便利なものがあったら、反石をめぐって熾烈な戦いに……という物語になってもおかしくないような気がする。だが『SAND LAND』では、そうはしていない。物語は、劇中の人間にも魔物にも、映画を観ているわれわれにも欠かせない「水」を探す話に徹していて、反石の存在は世界観にさほど影響を与えないのだ。

また、脇役のなかで魅力的だったのは、スイマーズである。父親と３人の息子の大悪党で、みんな水泳の選手のようなカッコウをしている(が、息子たちは泳いだことがない。水が少ない世界だからね)。しかし、それぞれの能力は恐るべきものだった。

巨漢の三男・グッピーは、戦車砲より強力な大砲を撃つ！　痩身の次男・シャークは足が速く、ベルゼブブに「オレに追いつけるもんか!!　時速１８０㎞だっ!!」と言っていた。１００ｍを２秒で走れる俊足だ。

そしてドギモを抜かれたのが、長男のパイク。このヒトは、戦車に乗っているラオを発見するのだが、それがなんと85㎞も離れたところから！　しかも、たった10秒ほどで、ラオの顔を精確にスケッチした！　これはめちゃくちゃすごい。視力1・0の画家が5m離れた人の顔をスケッチできるとしたら、パイクの視力は1万7千！

　こんなすごい3兄弟が、ほんの脇役にすぎないのだ。いや、確かに最後まで観るといい味を出しており、好感度も急上昇するのだが、だからといってメインの悪役になるわけではない。視力1万7千や時速180㎞の快足を活かして、ベルゼブブと真っ向勝負、という物語にしてもいいのでは……とも思ってしまうが、そんな展開にはならないのである。

　実はここにこそ、鳥山ワールドのすごさがあるのだと筆者は思う。物語の中心に置くこともできるような魅力的な設定がいくらでもあるのに、それらをサラリと贅沢に使う。なぜかといえばこの物語で描かれるべきは、ベルゼブブのまっすぐな性格や、ラオの過去と熱い想い……などであって、上記のようなすごい設定や能力ではないからだ。この作品、鳥山先生はヒットを狙ったのではなく、描きたいものを絞り込んで表現している。

　あまり話題にならなかった『SAND LAND』だが、筆者は『ジュニ空』の読者にはぜひ観てほしいと思う。才能ある作者が、作品そのものに向き合って誠実に描いた作品は、とてもいい。そういうものにたくさん触れてこそ、コンテンツをしっかり感じるココロは磨かれていく。

とっても気になるマンガの疑問

『デキる猫は今日も憂鬱』の諭吉はとっても器用。ネコなのに、なぜ何でもできる？

いま、全国の働く女子の心をギュ〜ッとつかんで離さないのが、『デキる猫は今日も憂鬱』の諭吉である。会社員の福澤幸来が飼っているネコなんだけど、そんじょそこらのネコではない。人間のように直立歩行し、人間の幸来よりもデカイ。しかも、人の言葉や気持ちを理解し、手先がメチャクチャ器用で、幸来のダメダメな生活を細かくサポートしてくれる。

たとえば、幸来が会社の飲み会から帰ってくると、諭吉は酔っ払って玄関で寝てしまった幸来を寝室まで運ぶ。肝臓にいいしじみ汁を飲ませ、お化粧を落とし、お風呂に入れ、髪を乾かし、全身をマッサージし、幸来が眠ったら、フェイスパックを施し、パンプスを磨き、アイロンをか

け、スポーツドリンクを枕元に置く。さらに翌朝、幸来が起きるときまでに、しじみ茶漬けを準備しておく。「至れり尽くせり」とはこのことだ。しかも、あらゆる工程が、お酒を飲み過ぎた体を優しく癒し、次の日に影響を残さないための効果的な対処法！　ネコなのに！

こうした諭吉のフォローで、幸来は爽やかに出社し、会社では「デキる女」と思われている。が、もちろんデキるのは、幸来ではなく諭吉。幸来は、本来は自分が面倒を見るべきペットに、何かも面倒を見てもらっているのだ。「私も諭吉がほしい」と思う人が多いのも当然ですなあ。

しかし、科学的に気になるのは、諭吉の生態である。ネコって、そんなにいろいろなことができるんだっけ？　本稿ではこの問題を考えてみよう。

◆意外と軽い諭吉の体重

諭吉はデカイ。幸来の身長を20代女性の平均に近い158㎝と仮定して、いくつかの絵で測定すると、後ろ足で立った諭吉の身長（頭頂高）の平均値は185㎝。ツキノワグマが立ち上がったときが170〜180㎝だから、同じくらいだ。

イエネコの大きなものは、頭胴長（頭からお尻まで）が75㎝、体重が7・5㎏。諭吉の頭胴長は137㎝で、その1・83倍。すると、縦も横も高さも1・83倍だから、体重は1・83×1・

83×1・83＝6・1倍で45・7kg。ネコはモフモフしているので太って見えるが、見かけよりもずっと軽いのだ。冒頭に書いたように、諭吉は酔っ払って玄関で寝た幸来を寝室まで運んだりしていたけど、実際にはかなりの重労働だったはずである。

また諭吉は、後ろ足の先端、つまり爪先だけを床や地面につけて歩く。爪先だけで歩く点は、多くの動物たちと同じだ。ウマもウシも、ゾウさえもかかとを上げて爪先で歩いている。しかし、彼らは4足歩行。1本の足を上げても、3本の足が地面についているから安定する。

人間が2足歩行できるのは、かかとを地面につけているおかげで接地面積が広くなり、片足だけでも安定するから。クマ、パンダ、ウサギ、ネズミ、カンガルー、そしてネコもかかとをつけて2本足で立つことがあるが、立っているだけで、そのままの体勢で歩くことはできない。爪先だけで立ち、2足歩行し、平然と家事をこなす諭吉は、驚異的にバランス感覚がいいのだ！

◆デキる猫への道

諭吉は、最初から大きかったわけでも、2足歩行していたわけでも、家事ができたわけでもない。3年前、まだ子猫だった諭吉は、季節外れの雪の降る夜、公園のベンチの下で震えていた。そこに「行くとこないなら うちに来る？」と声をかけたのが幸来で、弱っていた諭吉を抱いて部屋に連れ帰る。が、そこは、まるでゴミ集積所のような汚部屋だった！

諭吉は、「この人間はヤベェ人間である!!」と気づく。しかし、幸来は、崩れ落ちる荷物から身を挺して諭吉を守り、雪が降るなか、コンビニにキャットフードを買いにいった。ゴミ溜めのような部屋に、諭吉が寝るスペースを作り、自分はゴミに埋もれて寝た。諭吉は幸来のダメっぷりに「己の世話も出来ぬ生き物は長生きしない 共倒れなど真っ平ごめん」と思うが、同時に彼女の優しさに心を動かされ、ゆえにこう決意する。「ならば世話をしてやるまでよ」。

そして、大家さんにゴミの出し方を習い、隣のおばあさんに米をもらって炊飯器でご飯を炊き、おにぎりを作る。またレシピ本『サルでも作れるウチごはん』から始めて、少しずつレパートリーを増やしていった。諭吉は初めから「空前絶後の『デキる猫』」と自負していたけれど、実はこうして一歩ずつ段階を踏んで、名実ともにデキる猫になっていったのである。

とはいえ、普通はネコがどんなにがんばっても、家事を完璧にこなせるようにはならないだろう。諭吉は、なぜここまでデキるようになったのだろうか？

ポイントはやはり2足歩行だろう。人間も、直立2足歩行することで重い脳を支えられるようになり、前足を手として使うことによって、脳をますます発達させた。

しかし、諭吉の知能は半端ではない。言葉こそ発しないが（しかし舌打ちはする）、人間の言葉を完全に理解し、幸来の「アレ取って」などにも的確に対応する。家のカギも開閉して、宅配便も受け取るし、買い物にも行き、電子マネー決済もする。そしてなんと、幸来の預金通帳を管理！　さらには神経衰弱やオセロやボードゲームで幸来に全勝……と、挙げればキリがない。

諭吉は常に何かをしていないと落ち着かず、暇があったら掃除などしてしまう。おかげで、常に脳が刺激され続け、どんどんどんどん発達した……のかなあ。そうとしか思えません。

◆ポイントは「鎖骨」にある！

もう一つスゴイのは、驚異的に器用なことだ。箸も握れば、ジャンケンもする。料理、洗濯、掃除、縫い物など家事全般を超ハイレベルでこなす。壁紙を張り替え、テーブルをノコギリで切ってキャビネットに作り変える。編み物もすれば、ミシンで自分をモデルにした縫いぐるみも作る。幸来の髪も切ってあげるし、寝ているあいだにお化粧もしてあげる。

なかでも注目は「腕の自由度」である。人間を含む霊長目の肩関節は、鎖骨－肩甲骨－上腕骨という構造で、関節が2ヵ所あるから、腕を自由に動かせる。一方、4足歩行動物の多くは鎖骨が退化し、肩甲骨が筋肉だけで固定されている。歩くことに特化したためと、前足にかかる衝撃を筋肉で柔らかく吸収するためだ。ゆえにイヌは木に登れないし、ウマはバンザイができない。霊

長目以外で鎖骨があるのは、ネズミなどの齧歯目で、彼らは前足をかなり器用に使える。

ネコはその中間だ。鎖骨がある程度退化しているので、高いところから落ちる衝撃を吸収できる一方で、完全には退化していないため、木にも登れるし、顔も洗える。ここから考えると、前足を歩行にまったく使わない諭吉は、鎖骨が完全に残っており、おかげで器用なのでは……。

などなど、科学的にも興味深く、心情的にも温かく見守りたい幸来と諭吉の暮らしである。

とっても気になるアニメの疑問

アニメで描かれた「未来」には、どんなものがありますか？

長く生きていると驚くことの一つに「かつてのマンガやアニメで描かれた未来が、過去になってしまう」というのがある。たとえば、手塚治虫先生の『鉄腕アトム』の舞台は西暦２００３年、宮崎駿監督の『未来少年コナン』で世界の半分が海に沈むのは08年、庵野秀明監督の『新世紀エヴァンゲリオン』で碇シンジが戦ったのは15年。筆者が子どもの頃には、どれも「はるか未来の話だなあ」と思っていたが、いまやすべて過去のできごとになってしまった。

そして、これを書いている24年の段階で、近づきつつある「未来」には次のようなものがある。

世界的に有名な人形特撮『サンダーバード』で、国際救助隊が活動を開始するのは26年。岡田斗司夫さん原作の『トップをねらえ！』で、宇宙怪獣6億5千万匹が地球に襲来するのは32年。富野由悠季監督の『機動戦士ガンダム』で、スペースコロニー第1号の建設が始まるのは45年。いずれもまことに壮大な話である。やがてこれらも過去になるのだろうが……。

しかし、アニメの未来が「年代」として現実に追いつかれたとしても、そこで描かれた「未来の姿」までもが実現するかというと、話は別だ。ここでは、著名なアニメで描かれた未来世界を見てみよう。はたしてそれらが実現する日は訪れるのか？

◆ロボットが学校に通う『鉄腕アトム』

いまロボットの進化は目まぐるしく、AIの普及もすさまじい。しかし、鉄腕アトムのような「感情を持ち、人間のように暮らし、正義のために戦うロボット」は、まだ作られていない。

日本初のテレビアニメ『鉄腕アトム』は、手塚治虫の原作マンガをベースに、手塚先生自身がアニメ会社を作って制作された作品だ。パワーは10万馬力、ジェット噴射で空を飛び、お尻からはマシンガンをぶっ放す……など、当時は強さが印象的だったけど、アニメ放送から60余年経ったいま、注目すべきは、その心の優しさだろう。人間が争いをやめないことや、ロボット同士が戦わねばならないことに、アトムは悲しんだり、苦しんだりしていた。

アトムは人間の小学校に通っていた。育ての親（開発者の天馬博士が捨てたアトムを引き取った）のお茶の水博士が、人間らしい心を学ばせたいと考えたからだ。アトムは、学校で「学年でいちばん学術優秀、品行方正」と表彰され、「オール十点」の成績表をもらい、それゆえに人間の子どもたちからいじめられたりもしていた。クラスメートに成績表を燃やされたことさえあった。

そんなアトムを見て、当時の筆者は「アトムはもう学校に行かなくてもいいんじゃないの!?」と思っていた。イヤなクラスメートもいるし、そもそも小学校で習うような知識は、アトムの電子頭脳にすべて入っているだろう、と。

しかし現在、チャットＧＰＴなどのＡＩが進化していく様子を見ていると、そのベースになっているのは「学習」である。知識を得るのはもちろん、「得た知識をどう使うか」について、学習を繰り返すことで、そのレベルを高めていく。人間にもＡＩにも学習は不可欠なのだ。

いまのＡＩは、ネットでつながった情報で学習しているが、アトムの場合は、自ら通学して、授業を受け、ときには人間にイヤな思いを味わわされる……という、ＡＩにはできない体験をしている。それによる学習には、すごい効果があるのではないだろうか。そう思えば、アトムを学校に通わせたお茶の水博士の深謀遠慮にはしみじみ驚くし、実際にロボットが人間といっしょに学校に通う日も、それほど遠くない将来に来るかもしれませんなあ。

◆人類が宇宙で暮らす『機動戦士ガンダム』

はじめのほうにも書いたとおり、『ガンダム』の世界でスペースコロニーの建設が始まるのは２０４５年、本書発売から21年後である。その後、完成したコロニーで人類が暮らすようになった年が「宇宙世紀元年」で、さらに数十年後、コロニーが地球からの独立を画策し始めた時代が『機動戦士ガンダム』の舞台となる。おそらく、現在から１００年後くらい……という設定だろう。

では、コロニーでの生活とはどういうものだろうか？『機動戦士ガンダム大事典』によれば、コロニーは直径６・５㎞、長さ30㎞強の円筒形。１分に０・５回転し、重力の０・９倍の遠心力を発生させ、これを重力の代わりにして暮らしているという。

これだけの規模のものを作るには、大量の資材が必要だろう。それを地上からロケットで打ち上げると、莫大な費用がかかってしまう。材料費よりも、地上からの運搬費用が高いのだ。これを解決するため、『ガンダム』では、コロニーの資材を小惑星「ルナツー」から調達していた。ルナツーの表面で金属の精錬から始めたのだと思われる。たいへんな話だ。

コロニーは、側面が６つの区画に分けられ、１つおきに窓と居住区になっていた。この構造なら、窓から取り入れた太陽光が、向かい側の居住区に当たることになり、自然光のもとで暮らせる。この構造から計算すると、１つの居住区は、長さが30㎞強、幅が３・４㎞、面積は１００㎢

強となる。コロニー1基には1千万人が住むという。

　これは、なかなかすごい人口密度だ。1つのコロニーには３つの居住区があるから、1居住区に３３３万人で、人口密度は３万人／㎢ほど。日本一の人口密度を誇る東京都豊島区の２万３千人／㎢を上回る！　宇宙だし、そんなにゆったり暮らすことはできないのだろうなあ。

　だがそうなると心配だ。『ガンダム』の第1話で、アムロが暮らすサイド7は、ジオン軍に襲撃され、アムロたちは強襲揚陸艦ホワイトベースで脱出した。他の住民がどうなったのか不明だが、このように一朝事あるとき、1千万人もの人々が避難できるのだろうか？

　直径６・５㎞で、1分に０・５回転するコロニーは、側面が時速６１０㎞で回っており、とてもそこからは発着できない。劇中でも、いちばん回転速度が遅いと考えられる底面の中心部から発着していた。すると、人口1千万人の脱出口は、わずか２カ所しかないことになり、ここから、世界最大の旅客機・エアバスA３８０と同じ８４０人乗りの宇宙船が10分に1本のペースで飛び立ったとしても、全員の避難が完了するのは42日後だ。

　う〜む、人間が宇宙で暮らすことはいずれ実現するとは思うが、その快適さや安全性まで考えると、地球と同じレベルで生活できるようになるには、長い時間がかかるのかもしれない。

◆宇宙に鉄道が走る『銀河鉄道999』

『銀河鉄道999』の舞台は2221年。いまから200年ほども未来である。同じだけ過去に遡ると江戸時代であり、時代が進むほど世のなかの変化は加速するから、200年も経てば想像もできない世界に変わっているだろう。

とはいえ、『999』のような世界が実現するかというと、それはまったく不明である。ナレーションによれば、「この時代、全宇宙の空間鉄道網は無限に延びていた」というのだから！

そんな未来の地球で、とても貧しい暮らしをしていた主人公・星野鉄郎は、「機械の体をタダでくれる星」を目指して、謎の美女・メーテルといっしょに銀河超特急999号に乗る。アンドロメダへ向かうこの列車の運賃はめちゃくちゃ高いらしいが（そうでしょうなあ）、それはメーテルが払ってくれた。鉄郎はタダで銀河鉄道に乗り、タダで機械の体をもらうつもりなのだ。「タダほど怖いものはない」とも言いますが、大丈夫なんですかね……。

よけいな心配をしてないで話を進めれば、気になるのは「全宇宙に延びる空間鉄道網」をどうやって敷設したか、である。並大抵の作業ではない。さすがに全宇宙となると想像を超えるので、地球のある銀河系と、アンドロメダ銀河の周辺だけに限って、総延長がどのくらいになるかを考えよう。

『天文年鑑』によれば、地球からアンドロメダ銀河まで２３０万光年。これは光の速度で進んでも２３０万年かかる距離で、２１８０京㎞に等しい。地球１周の５４５兆倍だ。

これだけでも気が遠くなるが、支線も合わせると、もっとすごいことになる(アニメにも、通勤路線などの支線はしばしば登場した)。地球－アンドロメダ間が、日本の鉄道でいえば、東京－新大阪間の東海道新幹線に匹敵する主要幹線だと考えよう。東海道新幹線は５５２・６㎞。日本を走る旅客鉄道は、私鉄や地下鉄も合わせて２万７６４２・８㎞だから、その50倍。銀河鉄道の地球－アンドロメダ付近の総延長も、地球－アンドロメダ間の50倍だとすると、それは１億１５００万光年になる！　銀河系を５７５往復する距離だ。

２２２１年にこれほどの鉄道網が敷かれているとして、そこから敷設の様子を想像してみよう。現実的には、いくつもの工区に分けて、同時進行で敷いていくのだろう。仮に、２１２１年から工事を開始して、１００年かけて１億１５００万光年の線路を敷設したと考えたら？

１工区が０・１光年だと仮定すると、11億５千万工区に分かれることになる。宇宙の鉄道敷設となると、人間の出番はなく、専用に作られたロボットたちがコンピューター制御で作っていくしかないだろう。それでも１工区は９４６０億㎞。１年で94億６千万㎞(地球から海王星までの２倍)、１日で２５９０万㎞(月までの67倍)、１秒で３００㎞、マッハ８８０！　ものすごいスピー

ド工事だ！

とても地球のチカラだけでできる工事ではない。ここから考えると、今後100年のうちに人類は宇宙の他の星の人々と出会い、友好関係を築いて、星を超えた協力をして空間鉄道網を敷設していった……のでしょうなあ、きっと。それはそれで、夢が広がってワクワクする想像である。

『ジュニア空想科学読本』では、読者からの質問を募集しています。角川つばさ文庫公式サイトの『ジュニア空想科学読本』のコーナーからお送りください。

https://tsubasabunko.jp/

本書は『空想科学読本』シリーズなど著者の本から、原稿を厳選して、つばさ文庫向けに全面的に書き直し、書き下ろしをたくさん加えたものです。
また、本書では、計算結果を必要に応じて四捨五入して表示しています。したがって、読者の皆さんが、本文に示された数値と方法で計算しても、まったく同じ結果にはならない場合があります。間違いではありませんので、ご了承ください。

柳田理科雄／著
1961年鹿児島県種子島生まれ。東京大学中退。学習塾の講師を経て、96年『空想科学読本』を上梓。99年、空想科学研究所を設立し、マンガやアニメや特撮などの世界を科学的に研究する試みを続けている。明治大学理工学部兼任講師も務める。

きっか／絵
奈良県出身。イラストレーター・マンガ家として活躍中。著書に『動物園でもふもふお世話中！』(KADOKAWA)、『亀が無理してロードバイク乗ってみた』(学研プラス)、『しょぼにゃん』(少年画報社) など。

角川つばさ文庫

ジュニア空想科学読本㉘

著　柳田理科雄
絵　きっか

2024年3月13日　初版発行

発行者　山下直久
発　行　株式会社KADOKAWA
〒102-8177　東京都千代田区富士見 2-13-3
電話　0570-002-301（ナビダイヤル）
印　刷　大日本印刷株式会社
製　本　大日本印刷株式会社
装　丁　ムシカゴグラフィクス

ISBN978-4-04-632286-9　C8240　N.D.C.400　206p　18cm

読者のみなさまからのお便りをお待ちしています。下の あて先まで送ってね。
いただいたお便りは、編集部から著者へおわたしいたします。

〒102-8177　東京都千代田区富士見 2-13-3　角川つばさ文庫編集部

角川つばさ文庫発刊のことば

角川グループでは『セーラー服と機関銃』(81)、『時をかける少女』(83・06)、『ぼくらの七日間戦争』(88)、『リング』(98)、『ブレイブ・ストーリー』(06)、『バッテリー』(07)、『DIVE!!』(08)など、角川文庫と映像とのメディアミックスによって、「読書の楽しみ」を提供してきました。

角川文庫創刊60周年を期に、十代の読書体験を調べてみたところ、角川グループの発行するさまざまなジャンルの文庫が、小・中学校でたくさん読まれていることを知りました。

そこで、文庫を読む前のさらに若いみなさんに、スポーツやマンガやゲームと同じように「本を読むこと」を体験してもらいたいと「角川つばさ文庫」をつくりました。

読書は自転車と同じように、最初は少しの練習が必要です。しかし、読んでいく楽しさを知れば、どんな遠くの世界にも自分の速度で出かけることができます。それは、想像力という「つばさ」を手に入れたことにほかなりません。

「角川つばさ文庫」では、読者のみなさんといっしょに成長していける、新しい物語、新しいノンフィクション、角川グループのベストセラー、ライトノベル、ファンタジー、クラシックスなど、はば広いジャンルの物語に出会える「場」を、みなさんとつくっていきたいと考えています。

読んだ人の数だけ生まれる豊かな物語の世界。そこで体験する喜びや悲しみ、くやしさや恐ろしさは、本の世界の出来事ではありますが、みなさんの心を確実にゆさぶり、やがて知となり実となる「種」を残してくれるでしょう。

かつての角川文庫の読者がそうであったように、「角川つばさ文庫」の読者のみなさんが、その「種」から「21世紀のエンタテインメント」をつくっていってくれたなら、こんなにうれしいことはありません。

物語の世界を自分の「つばさ」で自由自在に飛び、自分で未来をきりひらいていってください。

ひらけば、どこへでも。——角川つばさ文庫の願いです。

角川つばさ文庫編集部